아이의 마음을 읽는
내면 육아

아이의 마음을 읽는
내면 육아

──── 내 아이 행동의 숨은 의도를 찾는 육아 수업 ────

이보연 지음

EBS BOOKS

아는 만큼 불안은 줄어든다

아동상담가로서 마음이 아픈 아이들, 그리고 양육을 힘겨워하는 부모님들을 오랫동안 만나왔습니다. 이들이 어려움을 겪는 것을 보며 같이 마음 아파했고, 어려움을 극복하는 모습을 보면서 함께 뿌듯하기도 했습니다. 그 과정에서 아이들이 가진 힘을 느끼는 동시에, 자녀에 대한 부모의 애정과 책임감도 느낄 수 있었습니다. 한편으로는 안타까운 마음이 들기도 했어요. 만일 부모님이 아이의 특성과 발달에 대해 조금만 더 알았더라면 아이도 부모도 이런 어려움을 겪을 필요가 없었을 텐데, 하는 생각에서였지요.

그동안 만나온 부모님들이 제게 던진 질문 중 상당수는 사실 별거 아닌 것들이었습니다.

"13개월 된 아이가 자꾸 물건을 던져요. 벌써 공격적인 행동을 보여 걱정이 돼요."

"이제 두 돌밖에 안 됐는데 고집이 너무 센 것 같아요. 뭐든지 자기가 한다고 떼를 쓰네요."

"10개월 된 우리 아기가 엄마만 찾아요. 전에는 할머니가 안아줘도 잘 안겨 있었는데 지금은 엄마하고만 있으려 해요."

"30개월 아이인데, 약속을 안 지켜요. 동영상을 두 개만 보기로 해놓고는 다 보고 나서 또 보겠다고 떼를 쓰네요."

아이들의 이런 행동은 개월 수에 비추어볼 때 지극히 당연한 것이라고 할 수 있지만, 아이들의 발달 특성을 잘 모르는 부모에게는 문제행동으로 비치기도 합니다. 어떻게 다루어야 할지 고민이 될 수도 있지요. 물론 아이들은 물건을 소중히 다루는 법을 배워야 하고, 자기 조절력을 습득해야 하며, 약속을 지키고 부모와의 분리를 견뎌내는 힘을 키워야 합니다. 그러나 이를 해내기 위해서는 어느 정도의 발달과 성숙 그리고 경험이 전제되어야 하겠지요. 아직 충분히 성숙하지 않았거나 지도를 제대로 받지 못한 아이에게 "너는 왜 이걸 못하는 거니?" 혹은 "왜 그런 잘못을 하는 거야?"라고 야단만 치게 되면 그때부터 문제가 시작될 수 있습니다.

반대의 경우도 있어요. 만 4세가 되었는데도 배변을 가리지 못하고 떼를 심하게 부린다면, 엄마와 떨어져 유치원에 가지 못한다면 그것 또한 문제가 될 수 있지요. 이런 경우는 부모가 아이를 너무 어리게만 보고 발달 수준에 따라 가르쳐야 할 것을 가르치지 않았거나, 아이의 기질과 특성을 고려한 적응 지도를 충분히 하지 않아 문제가 생긴 것이라고 할 수 있습니다.

이처럼 부모의 과잉 기대나 과소 기대로 인해 적절한 지도가 이루어지지 않으면 별것 아닌 일이 진짜 문제로 발전할 수도 있어요. 아이들이 어려움을 겪는 이유는 부모가 아이들의 특성과 발달 수준을 제대로 알거나 이해하지 못했기 때문인 경우가 많습니다.

부모 입장에서는 난감하고 답답합니다. 아이의 문제가 부모 탓이라니, 짜증이 나고 우울해질 수도 있어요. 저는 그 사정도 충분히 이해가 됩니다. 날 때부터 부모인 사람은 없고, 모두 다 아동발달을 공부한 것도 아니에요. 전공이 아동학인 제 친구들도 아이를 키우면서 힘들어합니다. 문제가 생기면 제게 전화를 해서 물어보기도 해요.

그럼 직업이 아동상담가인 저는 육아를 하면서 편안했느냐고요? 그럴 리가요. 저 또한 아이를 키우며 힘들 때가 많았고, 때로는 좌절하기도 했습니다. 아이들을 다루는 일을 하고 있어도 육아는 매번 새롭고 당황스러운 것이었어요. 그러니 부모님들이 육아에 서툰 것은 창피하거나 이상한 것이 아닙니다. 다만 육아에 어려움을 느끼거나 "도대체 쟤가 왜 저러지?"라는 생각이 들 때 아무것도 하지 않는 것은 좋지 않습니다.

저는 별것 아닌 질문을 하는 부모님들을 좋아합니다. 그분들은 아동발달을 공부하지 않았기 때문에 돌 무렵 아이들이 세상을 적극적으로 탐색하기 위해 무엇이든 떨어뜨리고 던지고 밟고 찌르는 행동을 한다는 것을 알지 못할 수 있습니다. 어른들의 눈에는 쓸데없는 것처럼 보이는 행동이 위대한 인지발달이론가인 피아제(우리나라에서는 유아교육 교재 회사의 이름으로 쓰이고 있지요)가 '3차 순환반응'이라고 부르는 인지발달 단계임을 모를 수 있어요.

영아들은 이러한 행동을 통해 새로운 문제를 해결하거나 흥미로운 결과를 산출할 수 있는 다양한 방법을 탐색합니다. 그 과정에서 시행착오를 겪어가며 인지적 성숙을 이루는 거예요. 아동발달에 대해 잘 알지 못하면 이를 '공격적 행동'으로 여겨 제한하게 될 수도 있어요. 부모의 판단만으로 아이의 행동을 계속 제한하게 되면 아이는 인지적인 탐색에 제약을 받게 되겠지요. 반면 "쟤는 왜 저럴까? 화가 나지 않는데도 딸랑이를 던지는 이유는 뭘까?"라고 생각하는 부모는 이를 묻습니다. 그 이유를 알게 된 뒤에는 아이들의 탐색 행동을 격려하면서 던지면 안 될 것과 던져도 되는 것을 알려주고, 보다 다양한 방식으로 탐색할 수 있도록 지도하면서 아이들의 인지적 성숙을 이끌어줄 수 있습니다.

아이들의 행동이 잘 이해되지 않을 때 왜 그런지 이유를 탐색하고 배워나가는 것은 매우 중요한 일입니다. 아이들이 발달 수준에 따라 할 수 있는 것과 할 수 없는 것을 알게 되었을 때, 부모는 아이에게 발달 수준에 맞는 합리적인 기대와 요구를 할 수 있습니다. 아이들을 도와주고 지도하는 효과적인 방법 또한 찾아나갈 수 있을 것입니다.

아이들의 발달 특성과 수준을 아는 것은 부모의 정서에도 큰 영향을 미칩니다. 과잉 기대를 하지 않으면 불안해하거나 조급해할 필요가 없습니다. 내 아이가 나쁜 아이라고 화를 내거나 실망할 필요도 없어요. 아이는 그저 미숙한 것이고 배우지 못한 것이기 때문에 차근히 알려주고 가르치면 되는 것입니다. 부모 역시 아이에 대해 모두 알지 못하므로 부모도 함께 아이에 대해 배우면 됩니다.

부모들은 아이들에 비해 훨씬 뛰어난 지적 능력과 학습 능력을 갖고 있습니다. 조금만 귀 기울여 듣고 배우면 아이들에 대해 많은 것을 알 수 있지요. 아이의 문제가 부모 탓이라고 하는 것도 이 때문입니다. 아이들은 문제가 있어도 이를 인식하지 못하고 어떻게 고쳐야 하는지 알지 못합니다. 아직 어리고 미숙하니까요. 아이들보다 좀 더 유능하고 똑똑하며 현명한 부모가 아이를 지도해주는 역할을 맡아야 합니다. 육아에 있어서 부모의 책임이 이토록 큰 것은 부모와 아이의 관계에서 부모의 힘과 역할이 훨씬 크기 때문입니다.

부모 탓이라고 하는 것은 부모 때문에 아이에게 문제가 생겼다거나 아이가 망가졌다는 뜻이 아닙니다. 자폐증이나 ADHD는 부모 때문에 생기는 병이 아니며, 겁이 많거나 감각적으로 예민한 아이의 성향도 상당 부분 기질 탓입니다. 아이가 선천적으로 갖고 태어난 특성들도 아이들의 발달에 큰 영향을 주지요. 그럼에도 불구하고 부모의 책임이 거론되는 것은 이러한 특성들을 파악해 문제를 줄여주고 적응을 도와주는 책임이 부모에게 있기 때문입니다. 빨리 내 아이의 기질과 발달 수준을 파악하면 좀 더 체계적이고 적절한 지도를 할 수 있지만, 그렇지 못하면 아이의 약점이 점점 심화될 수 있습니다. 그래서 우리는 부모의 역할을 강조하는 것이지요.

저명한 정신분석가인 도널드 위니코트가 한 말입니다.

"아기라는 존재는 없다. 오직 양육하는 부모만 있을 뿐이다. 적절한 양육 기술이 없다면, 아기라는 새로운 인간은 아무런 가능성도 갖지 못할 것이다."

아는 것이 힘입니다. 아이들의 특성과 발달 수준을 알게 되면 부모는 쓸데없이 불안해할 필요가 없고, 무력하게 가만히 있지 않을 것이며, 아이들의 행동에 당황하지도 않을 것입니다. 큰 그림을 그리듯 계획적이지만 여유롭게 아이들의 발달을 촉진해줄 거예요.

아동발달과 심리를 전공한 사람으로서, 오랜 시간 많은 아이를 상담해온 상담자로서, 그리고 꽤 까다롭고 유별났던 딸아이를 키워본 엄마로서 제 지식과 경험을 부모님들과 함께 나누고 싶습니다. 부모님들이 "아하, 그래서 그랬구나! 이렇게 하면 되겠구나!"라는 깨달음을 얻는 데 조금이라도 도움이 된다면 정말 기쁠 것입니다.

부모의 역할과 책임에 대해 강조했지만 부모님들에게 부담을 드리고자 하는 것은 결코 아닙니다. 오히려 육아의 난이도를 낮추고, 육아에 대한 부담감을 덜어주며, 부모로서의 효능감을 높여주기 위한 것입니다. 그러니 너무 어렵게 생각하거나 부담을 갖지는 마세요. 이 책을 통해 내 아이에 대해 알아가는 시간을 가지고, 더욱 행복한 육아를 경험하시길 진심으로 바랍니다.

2023년 1월, 이보연

PART 1

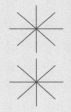

발달 :
우리 아이 잘 크고 있는 게 맞나요?

정서 :
따뜻하고 단단한 아이로 키우고 싶어요

사회성 :
소통할 줄 아는 아이로 키우고 싶어요

PART
4

훈육:
어떻게 해야 아이가 바르게 자랄까요?

PART 5

생활 :
평생 가는 습관, 잘 길러주고 싶어요

PART 6

가족관계 :
좋은 부모가 되려면 어떻게 해야 할까요?

PART 1

발달

| Questions About |

우리 아이 잘 크고 있는 게 맞나요?

또래에 비해 말이 느려요

· · ·

아이가 또래 친구들에 비해 말이 너무 느려요. 사람들에게
이 고민을 털어놓으면 반응이 극과 극입니다. 시간이 지나면 자연스럽게
나아질 거라는 사람도 있고, 당장 언어치료센터에 가보라는 사람도
있어요. 곧 말이 트일 거라고 생각하다가도 가끔은 불안합니다.
그냥 두고 봐도 괜찮을까요?

발달에는 개인차가 있어요. 아이들은 모두 똑같은 속도로 발달
하지 않습니다. 발달 영역에 따른 속도도 다 달라서 걷기는 빨랐지만
말은 다소 느린 아이도 있고, 몸 쓰는 것은 잘하지 못하는데 말은 무
척 빠른 아이도 있어요. 따라서 아이가 또래보다 한두 달 정도 늦는
것에 대해 지나치게 염려할 필요는 없습니다. 하지만 영유아 건강검
진 결과, 특정 영역의 발달이 또래에 비해 6개월 이상 지연되었다고
한다면 반드시 주의를 기울여야 합니다.

영유아기는 일생을 통틀어 여러 영역의 발달이 가장 왕성하게
이루어지는 시기입니다. 언어도 예외는 아니어서 만 6세까지는 언어

가 가장 잘 발달하는 민감기라고 할 수 있어요. 민감기가 지나면 해당 영역의 발달 속도가 다소 둔화되기 때문에 영유아기에 언어와 관련된 자극을 주는 것이 아주 중요합니다. 언어가 또래에 비해 많이 늦다는 것은 다른 아이들에 비해 언어 관련 영역의 자극을 수용하고 표현하는 데 어려움을 겪고 있다는 뜻이기 때문에 더욱 적극적이고 효율적으로 언어 자극을 제공할 필요가 있습니다.

아이들은 보통 18개월이 되면 적절한 의미를 지닌 단어를 6개 이상 말할 수 있습니다. 24개월에는 "우유 줘!"와 같이 두 개의 낱말을 조합해서 사용하고, 30개월에는 "아빠 회사 가"와 같은 짧은 문장을 만듭니다. 36개월에는 "이게 뭐야?", "어디 있어?"와 같은 간단한 질문을 할 수 있지요. 만일 아이가 그렇게 하지 못한다면, 그리고 만 2세 이후 6개월 동안 문장의 길이나 복합성, 정확성에 있어 발전이 없다고 느껴진다면 전문 기관에서 언어 평가를 받아볼 필요가 있습니다.

언어는 자신의 감정과 생각을 표현하며 타인과 교류하는 매우 중요한 도구입니다. 언어가 제대로 발달하지 못할 때 아이들은 스스로에 대해 답답함을 느끼게 되지요. 그러면서 자존감이 낮아지고 공격적으로 행동하는 경향이 높아집니다. 그러므로 뒤늦게 말이 트이는 아이도 있다며 지나치게 낙관적인 태도를 지니기보다는 관련 기관에서 언어발달 평가를 받아보는 게 좋아요. 또한 가정과 교육기관에서의 지도 방법에 대해서도 배우고 실천에 옮기는 자세가 필요합니다. ♥

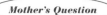

아이와 애착 형성이 부족한 것 같아요

• • •

아이가 어릴 때 제가 우울증이 심해서 엄마 역할을 제대로 하지
못했어요. 지금은 마음을 많이 회복했고, 아이에게도 잘하려고 애쓰는
중이에요. 부모와 아이의 애착에 있어서 만 3세까지가 중요하다고
하던데, 그렇다면 그 이후에는 애착 형성이 더 이상 되지 않는 건가요?
가장 중요한 때 아이에게 신경을 쓰지 못한 것 같아 너무 괴롭습니다.

'애착'이란 영국의 정신의학자인 존 볼비가 제안한 개념으로, 아
이가 가까운 대상과 형성하는 정서적인 유대를 뜻합니다. 볼비는 인
생 초기의 애착 형성이 인간 생애에 계속해서 영향을 미친다고 주장
했습니다. 많은 사람이 엄마와 아이의 애착은 어린 시절에 형성되며
한번 형성된 애착은 평생 지속된다고 생각하는데 실은 그렇지 않습
니다. 물론 어린 시절 형성된 애착이 가장 중요하긴 하지만, 애착은
평생을 걸쳐 형성되고 변화되는 것입니다. 또한 애착은 한 사람하고
만 형성하는 것도 아니에요.

우리가 흔히 애착이라고 알고 있는 것은 보다 정확히 말하면 '1차

애착'입니다. 아기가 자신을 돌봐주는 특별한 성인, 즉 주 양육자와 맺는 정서적 유대감을 말하는데요, 여기서 주 양육자는 대개 부모이고 그중에서도 엄마인 경우가 많지요. 1차 애착은 대개 6~9개월 사이에 형성하기 시작해서 대부분 돌 무렵이면 완성된다고 볼 수 있습니다. 이후 아기들은 이러한 1차 애착을 기반으로 하여 주변의 의미 있는 성인들과도 애착 관계를 형성하게 됩니다. 만일 아이가 한 사람이 아닌 여러 사람과 긍정적인 애착 관계를 맺을 수 있다면 발달에 큰 도움이 되겠지요.

최초의 애착인 1차 애착은 이후 대인관계의 기본적인 틀을 제공해주기 때문에 아이가 자라면서 형성하는 애착 관계에 강력한 영향을 미칩니다. 하지만 그렇다고 해서 1차 애착의 유형이 평생 지속된다고 볼 수는 없습니다. 예를 들어 1차 애착이 불안정했다고 해서 평생 불안정한 애착 관계로 살아가는 것은 아닙니다. 반대로 1차 애착이 안정적이라고 해서 죽을 때까지 안정애착을 유지하라는 법도 없습니다. 커다란 환경적 스트레스가 발생하게 되면 안정적인 1차 애착도 불안정하게 변할 수 있으니까요.

따라서 아기 때 부모와 안정적인 애착 관계를 형성하지 못했어도 부모가 부정적인 양육 태도를 고치고 부모로서의 역할을 충실히 하면서 아이의 안전기지가 되어준다면 안정적인 애착 관계로 돌아

설 수 있어요. 그렇기 때문에 아이와의 애착 관계가 불안정하다고 해서 이를 돌이킬 수 없다고 생각하면 안 됩니다.

애착은 우리의 자존감과 친밀한 대인관계에 지대한 영향을 미치는 것으로 알려져 있습니다. 아이가 자존감이 높고 타인과 긍정적인 관계를 맺을 수 있는 사람으로 자라길 바란다면 이제라도 아이와의 애착 관계를 살펴보세요. 아이가 부모를 비롯해 다른 사람과 건강한 애착을 형성하고 유지할 수 있도록 도와주어야 합니다. 너무 걱정하지 않아도 괜찮아요. 지난날을 돌아보고 아이를 걱정하며 양육 태도를 점검하는 부모의 노력이 분명 좋은 결과로 돌아올 것입니다. ♥

남자아이인데 여자 형제들을 따라 해요

• • •

막내가 누나 두 명과 지내다 보니 누나들을 언니라고 불러요.
누나들이 입는 옷을 따라 입고, 장난감도 누나들이 가지고 노는 것을
좋아해요. 문제라고 생각하지는 않지만, 어린이집에 가게 되면
또래 남자아이들과 잘 어울릴 수 있을까 걱정이 되기도 합니다.
몇 개월 정도 되어야 아이가 자신의 성별을 인식할 수 있나요?

단순히 성별을 판단하는 것은 아주 어릴 적부터 가능합니다. 4개월 영아는 여성과 남성의 목소리를 얼굴과 짝지을 수 있고, 돌 즈음이 되면 여성과 남성의 사진을 구분할 수 있게 되지요. 2~3세가 되면 '엄마', '아빠', '여자아이', '남자아이'라는 명칭을 습득하고 사용할 수 있어요. 그리고 2.5세에서 3세쯤 되면 대부분의 아이가 자신의 성별을 정확하게 구별하며 스스로를 여자 또는 남자로 명명할 수 있습니다.

그런데 성별의 속성을 이해하는 건 조금 더 나중의 일이에요. 만 5~7세가 되어야 성별이란 변하지 않는다는 사실, 즉 성이 영속적이

라는 사실을 이해가게 되면서 더 확실한 성 정체성을 지니게 됩니다. 그전에는 옷이나 머리 모양을 바꾸면 여자가 남자로, 혹은 남자가 여자로 바뀔 수 있다고 생각하지요. 원하기만 하면 남자도 엄마가 될 수 있고 여자도 아빠가 될 수 있다고 생각하기도 합니다.

자신의 성별을 인식하게 되면 아이들은 성역할 고정관념을 습득하기 시작합니다. 성역할 고정관념이란, 사회가 여성과 남성을 구분하여 각각 다른 정서와 행동을 기대하고 요구하는 것을 의미합니다. "남자는 울면 안 돼"라거나 "여자가 왜 이런 놀이를 하니"라고 말하는 것을 예로 들 수 있겠지요. 이런 고정관념은 오히려 아이를 혼란스럽게 할 수 있습니다. '분홍색이 좋은 나는 이상한 건가?' 같은 생각을 할 수 있으니까요.

2.5세 정도만 되어도 아이들은 성역할 고정관념에 대한 지식을 어느 정도 갖고 있어요. 그 고정관념이 이후에 아이들의 놀이나 활동 선택에 영향을 미치게 됩니다. 따라서 아이가 자신의 성을 인식하는 시기부터 아이들이 건강한 성역할 개념을 익힐 수 있도록 교육해야 합니다. 성별에 따른 차이는 있어도 남자라서, 혹은 여자라서 꼭 해야 하거나 하지 말아야 하는 일이 있는 것은 아니라는 점을 알려줘야 할 것입니다. 평소 부모의 모습을 통해 양성평등 교육을 한다면 더욱 좋겠지요.

또한 동성의 또래나 어른들과도 함께하는 시간을 많이 갖게 하는 것도 중요합니다. 동성과 이성 모두와 접해본 경험이 많으면 사회성을 키우는 데도 도움이 됩니다. ♥

눈치가 부족한 것 같아요

• • •

눈치 없는 아이 때문에 곤란할 때가 한두 번이 아니에요.
어른들에게도 가끔 예의 없는 말을 해서 당황스러운데, 그만하라고
눈치를 주거나 혼을 내도 별로 개의치 않아요. 친구들 사이에서도
분위기 파악을 잘하지 못하고 겉돌 때가 있는 것 같아요.
언제쯤 되어야 눈치가 발달할까요?

눈치는 생각보다 빨리 발달하는 능력입니다. 생후 7~10개월이 되면 '사회적 참조' 능력이 발달하기 시작해요. 사회적 참조란 타인의 정서 표현을 참고해서 상황을 해석하는 행동을 말합니다. 이맘때 아이들은 애매한 상황에서 부모의 반응을 살피지요. 엄마 아빠의 표정이나 몸짓, 움직임 등 비언어적 신호를 통해 자신이 어떻게 반응해야 할지 생각하는 거예요.

만 1세가 되면 부모가 아닌 다른 사람들의 반응도 살펴가며 상황을 해석하고 자신의 반응을 조절하는 정도에 이릅니다. 걸음마를 시작한 아이들은 어떤 행동을 한 뒤에 부모나 곁에 있는 사람의 반응

을 살피기도 하는데요, 이는 자신의 행동을 평가하기 위해 타인의 반응을 이용하고 있음을 보여주는 것이지요.

남의 눈치를 살피지 않는 것도, 반대로 지나치게 살피는 것도 좋다고 할 수는 없습니다. 다만 다른 사람의 감정을 어느 정도 이해하고, 나의 감정도 표현하는 연습은 분명 필요할 것입니다. 타인과 어울려 살아갈 수밖에 없는 세상이니까요.

사회성과 관련된 지능을 '사회인지 능력'이라고 합니다. 사회인지 능력이 잘 발달된 아이는 사회적 맥락을 파악하는 능력이 좋아요. 사회인지 능력은 타고나는 부분도 있습니다. 사회적 민감성이 높지 않고 시각적, 청각적으로 부주의한 아이들은 눈치 발달에 어려움을 겪을 수 있어요. 어떤 상황에 처했을 때 주의 깊게 보거나 듣지 못하기 때문에 그 상황이 주는 단서를 놓치는 것이지요.

그러나 교육을 통해 사회인지 능력을 얼마든지 발달시킬 수 있습니다. 상대의 반응을 살피고 해석하는 방법을 반복해서 가르쳐줘야 합니다. 자꾸 혼을 내기만 하면 아이가 오히려 불안해할 수 있어요. 자신을 둘러싼 상황을 제대로 해석하지 못한다는 것은 아이에게도 답답한 일이잖아요.

다음과 같은 방법으로 아이의 사회인지 발달을 도와주세요.

1. 다른 사람의 표정이나 행동을 이해할 수 있도록 지도해주세요.

다른 사람의 표정과 목소리, 몸짓 등을 보고 그 사람의 감정과 욕구, 의도를 알아차릴 수 있으면 좋겠지요. 그러기 위해서는 부모가 먼저 상황에 맞게 감정과 언어, 몸짓으로 표현해주어야 합니다. 아이와 대화할 때 슬픈 이야기에는 슬픈 표정을 짓고 즐거운 이야기에는 환하게 웃는 것이지요.

부모가 감정과 관련된 이야기를 하는데도 무표정하다거나 짜증이 가득한 목소리로 "엄마가 지금 화내는 거 아니거든!"이라면서 말과 행동이 불일치한 모습을 자주 보이면 아이가 혼란을 느끼면서 사람의 표정과 감정을 제대로 읽지 못하는 사람으로 성장할 수 있어요.

또한 그림책이나 영화, 다른 사람들의 모습을 보면서 설명해주세요. 예를 들어 그림책을 보면서 "어머, 이 강아지는 귀가 처져 있고 입이 삐죽 나와 있네. 기분이 안 좋은가봐"라고 말해줍니다. 밖에서 한숨을 쉬는 사람을 봤다면 "저 사람은 답답한 일이 있나봐. 한숨을 푹 쉬네"라고 말해줍니다.

2. 상황과 사건의 인과관계를 설명해주세요.

"~하면 ~하게 될 거야", "~인 걸 보니 ~했었나 보다"와 같은 식으로 상황을 예측하거나 추리할 수 있다면 사회적 상황에서 잘못된 선택과 행동을 하지 않겠지요. 단 이때 객관적이고 합리적으로 추리해야 합니다. 아이들은 경험하지 못한 일들을 추리하는 능력이 미약한 데다가 자기중심적이기 때문에 가끔 이상한 방식으로 원인과 결과를 맺기도 하거든요.

따라서 부모가 객관적인 인과관계 추론을 보여주면 아이들도 상식적이고 보편적인 사회적 인식을 갖게 됩니다. "묻지도 않고 친구의 장난감을 갖고 오면 친구는 네가 장난감을 뺏었다고 생각할 수 있어", "친구가 다른 날과 달리 짜증을 많이 내는 걸 보니 몸이 안 좋은가봐. 몸이 아프면 쉽게 짜증이 나거든"처럼 일상생활에서 나타나는 상황의 인과관계를 자주 말해주면 도움이 됩니다.

3. 갈등을 풀고 관계를 돈독하게 만드는 방법을 알려주세요.

아이들은 갈등을 해결하는 방법을 잘 모르기 때문에 갈등 상황이 생기면 아이 자신도 당황스러울 거예요. 그렇기 때문에 사회적 상황에서 문제나 갈등이 발생하면 야단을 치기보다는 갈등을 해결하는 방법을 알려주는 기회로 삼아야 합니다. 갈등을 해결하는 방법뿐 아니라 관계를 다지는 방법도 알려주면 더욱 좋겠지요.

"네가 일부러 엄마를 친 게 아니라는 걸 알아. 하지만 실수였더라도 '미안해'라고 말해주면 엄마 마음이 더 좋을 것 같아", "친구와 화해하고 싶구나. 그럴 땐 음식을 나눠 먹거나 친구의 짐을 들어주렴. 친구와 함께 나누고 친구를 도와주는 행동은 친구의 마음을 따뜻하게 해주거든", "손을 너무 세게 잡고 흔들면 아파. 좋아서 그러는 건지, 아프게 하려는 건지 헷갈리거든. 좋으면 살살 잡아줘."

이처럼 구체적이고 다정하게 설명해주세요. 아이가 사회적 상황을 보는 눈을 키워줄 수 있을 것입니다.

4. 가끔은 아이에게 심리 퀴즈를 내보세요.

다른 사람의 마음을 추리할 수 있는 능력을 키워주는 것도 중요합니다. 그래야 다른 사람의 기분을 상하지 않게 할 수 있을뿐더러 다른 사람의 속임수를 읽어낼 수도 있으니까요. 너무 어린 아이들은 아직 이렇게 복잡한 능력을 이해하기 힘들지만 만 6세 정도가 되면 다른 사람의 마음을 추리해보는 연습을 가끔씩 해보는 것도 좋아요. 예를 들어 이렇게 퀴즈를 내보는 겁니다.

"지연이는 사탕을 별로 좋아하지 않아. 그런데 어느 날 할아버지가 오셔서 사탕을 한 움큼 꺼내 주셨어. '할아버지가 지연이 주려고 사온 거야. 맛있게 먹어라. 우리 지연이, 사탕 좋아하지?' 할아버지가 이렇게 말하자 지연이는 '네, 할아버지. 고맙습니다. 저, 사탕 좋아해요!'라고 말했어. 지연이는 사탕을 좋아하지 않는데, 왜 거짓말을 했을까?"

"민수와 민재는 형제야. 어느 날 아빠가 선물로 자동차와 로봇을 사 오셨어. 그리고 형제에게 마음에 드는 것으로 나눠 가지라고 하셨어. 민수는 로봇을 정말 갖고 싶었는데 민재 표정을 보니 민재도 로봇이 갖고 싶은 눈치였어. 하지만 민수는 민재에게 이렇게 말했어. '와, 민재야, 저 자동차 정말 멋있지 않니? 진짜 좋아 보인다. 요즘 저 자동차가 유행이잖아! 너도 갖고 싶지?' 왜 민수는 로봇을 좋아하면서 민재에게 그렇게 말했을까?" ❤️

값비싼 장난감을 사줘야 할까요?

• • •

아이가 유아용 전동차를 사달라고 합니다. 찾아보니 가격이 만만치
않더군요. 어차피 사줄 거라면 아이의 발달에 도움이 되기를 바라는
욕심도 있어서 수동차를 사줄까 싶기도 합니다. 어떤 걸 사줘야 할까요?
그리고 값비싼 장난감을 사줘도 될까요?

유아기는 아이의 뇌가 폭발적으로 발달하는 시기입니다. 그러다
보니 부모 또한 아이에게 다양한 자극을 주기 위해 많은 노력을 하지
요. 값비싼 장난감이라도 아이가 좋아하거나 아이에게 도움이 된다
고 하면 주저 없이 사주는 경우가 많습니다. 그중 하나가 바로 유아
용 전동차입니다.

유아용 전동차는 버튼만 누르면 저절로 가는 것이 많아요. 대부
분 고급 외제차 모양이라 아이보다 부모가 더 좋아하는 경우도 있는
것 같습니다. 제가 봐도 겉모양이 멋지더라고요. 아이들은 엄마나 아
빠처럼 운전을 하고 싶지만 진짜로 운전을 할 수는 없기 때문에 전

동차를 타면서 대리만족을 합니다. 그로 인해 얻을 수 있는 즐거움도 아이의 발달에는 도움이 되겠지요. 하지만 아이의 뇌 발달 측면에서 본다면 전동차보다는 수동차가 더 도움이 됩니다.

유아기에는 협응 능력을 키워야 해요. 협응이란 감각기관과 운동기관이 서로 호응하며 조화롭게 움직이는 것을 뜻합니다. 예를 들어 제기차기를 할 때는 눈으로 제기를 보면서 발을 움직여야 하지요. 수동차 또한 앞을 보면서 직접 손과 발을 움직여 조작해야 하는 승용 완구입니다. 우회전을 하기 위해서는 핸들을 오른쪽으로 돌리면서 발을 바쁘게 움직여야 하고, 동시에 몸의 중심축도 잘 잡아야 합니다. 빨리 달릴 때, 멈춰야 할 때도 아이의 감각기관과 운동기관은 바쁘게 움직입니다. 이러한 경험은 아이의 뇌를 자극하고 발달을 촉진합니다.

그러나 아이들의 학습과 관련해서 우리가 기억해야 할 것이 있습니다. 아이들은 들은 것보다 본 것을, 본 것보다 직접 해본 것을 더 잘 배운다는 점입니다. 유아용 전동차를 구입하지 말라는 뜻이 아닙니다. 아이와 부모가 모두 만족한다면 그 역시 분명 가치 있는 소비일 것입니다. 다만 아이가 다양한 경험을 하는 데 있어 꼭 값비싼 장난감이 필요한 것은 아니라는 점을 말씀드리고 싶습니다.

필요한 것이라면 비싸도 사는 게 맞겠지만 아이들이 꼭 가져야 할 비싼 장난감은 딱히 없습니다. 아이가 사달라고 하지만 너무 비싸서 부담이 될 경우에는 솔직히 말해주면 됩니다. "이게 갖고 싶구나. 어디 보자! 이건 정말 비싸네. 그래서 이건 살 수 없겠다. 하지만 이것과 비슷하면서도 좀 더 싸서 살 수 있는 게 있을 거야. 함께 찾아보자!"라고 하면 됩니다.

어린아이들은 비싼 물건이라고 더 갖고 싶어 하지 않습니다. 좀 더 저렴하거나 다른 즐거운 활동이나 놀이로 유도하면 아이들은 조르지 않습니다. 아이들이 장난감을 갖고 싶어 하는 것은 어른들처럼 소유하고 자랑하려는 것이 아니라 즐거움의 욕구를 채우고 싶은 것이니까요. 🖤

딸 바보인 남편,
아이의 이성애 발달에 영향을 줄까요?

• • •

남편은 요즘 말로 '딸 바보'입니다. 딸을 예뻐하는 모습은
보기 좋지만, 때로는 정도가 지나쳐요. 엄마인 저를 자꾸 소외시키는
느낌이랄까요? 그런 모습이 아이에게도 좋지는 않을 것 같은데,
남편에게 어떻게 설명해야 할지 모르겠어요.

딸을 유독 예뻐하는 아빠들이 많지요. "난 커서 아빠랑 결혼할
거야!"라는 아이의 말에 행복해하며 "그래, 평생 아빠랑 살자!"라고
말하는 아빠들도 있습니다. 자식을 사랑하는 모습은 나쁠 것이 없지
만, 엄마를 배제하고 딸과 아빠 둘이서만 다정하게 지내는 것은 아이
의 이성애 발달에 그다지 도움이 되지 않습니다.

프로이트의 정신분석이론에 따르면 아이들의 이성애 발달에는
이성 부모와의 관계가 매우 중요합니다. 이성 부모는 아이에게 최초
의 이성애 상대가 되기도 하지요. 이는 만 3세에서 6세 사이의 아이
들에게서 발견할 수 있는 현상으로, 이 시기의 아이들은 이성 부모의

사랑을 독차지하기 위해 동성 부모를 미워하거나 질투하기도 합니다. 그런 자신의 속마음을 동성 부모가 눈치 채면 어쩌나 하는 두려움을 갖게 되는 경우도 있습니다.

이러한 과정을 정신분석이론에서는 '오이디푸스 콤플렉스'라고 부릅니다. 오이디푸스는 그리스 신화에 나오는 테바이의 왕으로, 아버지를 죽이고 어머니와 결혼한 인물입니다. 오이디푸스 콤플렉스는 아이가 이성 부모에 대한 성적 감정을 추스르고 동성 부모를 닮아가는 것으로 마무리되어야 합니다. 그런데 오히려 이성 부모에게 집착을 보이거나 마치 자신이 아빠의 아내, 혹은 엄마의 남편이라도 되는 것처럼 구는 아이들도 있지요. 지나친 딸 바보 아빠, 아들 바보 엄마로 인해 이런 일이 생기곤 합니다.

농담이라고 해도 "엄만 필요 없어. 아빠는 우리 딸만 있으면 돼!"라는 식의 말은 하지 않는 것이 좋습니다. 아이에게 자칫 '아빠는 엄마보다 날 더 좋아해'라는 생각을 심어줄 수 있기 때문입니다. 딸과 엄마의 관계가 불편해지는 것은 물론, 건강한 이성애 발달에 방해가 될 수도 있지요.

엄마든 아빠든 자녀에게 신경 쓰는 만큼 배우자도 챙겼으면 하는 바람입니다. 아이에게 가장 좋은 것은 부모로서의 역할과 책임을 다하되 좋은 부부관계를 유지하는 것이니까요. 남편한테 솔직하게 말해보세요. 아이가 부모를 존경하고 올바른 이성애를 발달시키기 위해서는 아이에게 사이좋고 서로 존중하는 부모의 모습을 보여주는 것이 중요하며, 부부관계가 안정적일 때 아이 역시 안정감을 느낄 수 있을 것이라고 말이지요.

이와 함께 부부관계를 잘 살펴보는 것도 필요합니다. 부부관계가 좋지 않을 때 부모는 아이에게 집착하거나 아이와 한 편이 되어 상대 배우자를 배척하려는 모습을 보일 수 있기 때문입니다. 아빠에게 이런 자료를 보여주는 것도 도움이 될 것입니다. ❤

갑자기 아기처럼 굴어요

• • •

아이가 갑자기 아기처럼 굴어요. 말을 할 때도 아기 흉내를 내고,
스스로 할 수 있는 일들을 자꾸 해달라고 해요. 심지어 다시 아기 때로
돌아가고 싶다고 떼를 쓰네요. 무슨 심리일까요?

간혹 퇴행 행동을 보이는 아이들이 있어요. 퇴행이란 '뒤로 물러
나다'라는 뜻입니다. 유아 퇴행은 아이가 본인의 발달 수준보다 더
어린 아이의 정신 상태로 돌아가는 것을 의미해요. 숟가락질을 잘 하
던 아이가 갑자기 밥을 먹여달라고 보채고, 대소변을 잘 가리던 아이
가 갑자기 실수를 하거나 아기처럼 혀 짧은 소리를 내는 것 등이 대
표적인 퇴행 행동입니다.

퇴행 현상은 아이가 현재 자신에게 일어난 어떤 사건이나 상황
을 감당하기 어렵고 적응하기 힘들 때 나타나요. 그 일이 닥치지 않
았던 과거의 시간, 혹은 자신이 책임을 지지 않아도 되는 보다 유치

한 단계로 돌아가서 심리적 안정을 꾀하고자 하는 무의식적 행동이지요. 따라서 아이들뿐만 아니라 어른 또한 큰 스트레스를 받으면 일시적으로 퇴행 행동을 보일 수 있습니다. 물론 어린아이들에게서 훨씬 많이 관찰되는데요, 아이들은 성인에 비해 문제해결력이 떨어지는 까닭입니다.

동생을 본 아이들은 일시적으로 퇴행 현상을 보이는 경우가 많아요. 갑작스러운 동생의 출현은 무엇보다도 강력한 스트레스이기 때문이지요. 그 외에도 갑자기 엄마와 떨어져서 어린이집이나 유치원을 다녀야 한다거나 한글을 익혀야 하는 것, 부모와 떨어져 혼자 자게 된 것, 운동회 날 달리기 경주에서 꼴찌를 한 것 등등 어른들이 보기에는 사소해 보이는 일도 아이들에게는 커다란 스트레스가 되어 퇴행 현상을 불러일으킬 수 있습니다.

이처럼 아이의 퇴행 행동은 현재 상태에 대한 부적응 혹은 욕구 좌절로 인한 것입니다. 따라서 아이가 어떤 일로 힘들어하는지 알아야 문제를 해결할 수 있어요. 혹시 최근 들어 아이의 환경에 변화가 생겼다면 아이가 새로운 환경에 얼마나 잘 적응하고 있는지 꼼꼼히 살펴보세요. 아이 스스로 해결하기 어려운 일은 부모나 교사와 같은 어른이 적극적으로 개입할 필요가 있습니다.

아이는 엄마 아빠에게 자신을 좀 봐달라고 신호를 보내는 것인지도 몰라요. 그 신호를 놓치지 말아주세요. "너 대체 왜 안 하던 짓을 하는 거야!"라고 혼을 내기보다는 아이에게 더욱 많은 관심과 애정을 쏟아야 합니다. 그리고 아이가 본인의 발달 수준에 맞게 행동할 때마다 많이 칭찬해주세요. 그러면 곧 아이도 본래의 모습을 찾게 될 거예요. ♥

우리 아이가 ADHD일까요?

· · ·

아홉 살인 우리 아이는 좋아하는 것을 할 때면 몇 시간이고
집중을 해요. 불러도 잘 듣지 못할 정도입니다. 그런데 선생님은 아이가
산만하다고 하시네요. 제가 보기엔 개구쟁이이긴 하지만 그리 산만하진
않은 것 같은데…. 무엇이 문제인지 답답하기만 합니다.

ADHD는 '주의력결핍 과잉행동장애'를 뜻합니다. 예전과 달리
요즘에는 널리 알려진 터라 "혹시 우리 아이도 ADHD가 아닐까요?"
하고 염려하는 분들이 많습니다. ADHD라고 하면 보통은 '발에 모
터 달린 아이'를 떠올리지요. 한시도 가만히 앉아 있지 못하고 이리
저리 돌아다니는 아이들을 연상하는 것입니다. 반대로 느리거나 미
적대는 아이들은 산만하다고 생각하지 않는 경우가 많습니다.

그래서 상담을 하다 보면 "아이 담임선생님이 ADHD를 의심하
시며 상담을 권유하셔서 이렇게 오긴 했지만, 저희가 보기에는 전혀
그렇지 않아요"라고 하는 부모가 적지 않습니다. 이런 부모들이 하

는 이야기는 주로 이렇습니다.

"우리 아이는요, 게임할 때 엉덩이에 진물이 날 정도로 꼼짝하지 않아요."

"레고를 앉은 자리에서 세 시간 동안 하는데 산만하다고요?"

그런데 이런 아이들이 ADHD 진단을 받는 경우가 꽤 많습니다. 도대체 이유가 뭘까요?

ADHD는 증상에 따라 과잉행동/충동 우세형과 부주의 우세형, 그리고 두 가지 타입이 함께 나타나는 복합형으로 분류할 수 있습니다. 우리가 ADHD라는 말을 들었을 때 흔히 떠올리는 유형이 바로 과잉행동/충동 우세형입니다. 끊임없이 몸을 움직이고 눈에 띄게 산만하기 때문에 발견하기도 쉽지요.

반대로 부주의 우세형은 증상이 쉽게 드러나지 않습니다. 부주의 우세형의 경우, 충동성은 적지만 주의력 문제가 두드러져요. 이런 아이들은 오히려 지나치게 느긋해 보이기 때문에 부모 입장에서는 아이가 산만하다고 생각하지 못합니다. 주의력의 편차도 심해서 공부 시간에는 산만한데, 자신이 좋아하는 활동에는 고도의 집중력을 발휘하곤 합니다. 그래서 오해를 받기 쉬워요. 집중을 잘할 때도 있는 만큼 아이가 산만하게 굴면 부모는 '일부러 그런다'거나 '하기 싫어서 꾀를 부리는 거다'라는 식의 비난과 지적을 하게 되는 것이지요.

하기 싫은 일이라서 집중력이 흐트러지는 것도 사실이지만, 이 아이들 또한 다른 유형의 ADHD 아이들과 마찬가지로 자기조절력이 약합니다. 흥미나 관심이 없는 일에 주의력을 발휘하는 데 큰 어려움을 느끼는 것입니다. 이것은 기질적인 문제이기 때문에 아이를 무조건 비난해서는 안 됩니다.

다행히 이런 아이들은 즐거운 분위기가 조성되거나 칭찬과 인정을 받으면 주의를 기울이는 경향이 있습니다. 야단을 치기보다는 아이에게 동기부여가 될 만한 것을 찾아주는 것이 좋겠지요. 학습 부진이나 친구들과의 갈등으로 자신감을 잃기 쉬운 만큼 부모의 격려도 필요할 것입니다.

무엇보다 학교에서 또래에 비해 산만한 정도가 심하고, 이로 인해 학습이나 집단생활 적응에 어려움이 있다고 한다면 미루지 말고 전문기관에서 평가와 진단을 받아보길 바랍니다. 🖤

아이와 보내는 시간이 적은데
애착 형성에 문제가 될까요?

• • •

맞벌이 부모입니다. 아이와 보내는 시간이 적은 만큼 함께하는
동안에는 더욱 깊은 애정과 관심으로 아이를 대하려고 노력합니다.
그래도 걱정을 떨칠 수가 없어요. 불안정 애착 유형을 만드는
양육 태도로는 어떤 게 있을까요? 미리 알아두고 조심할 생각입니다.

불안정한 애착은 크게 세 가지 유형으로 나눌 수 있습니다. 회피
애착, 저항애착 그리고 혼란애착입니다. 회피애착은 말 그대로 아이
가 부모와의 친밀한 관계를 회피하는 거예요. 보통 아이들은 부모를
타인보다 훨씬 좋아하지만, 회피애착의 경우 그러한 경향이 적습니
다. 주 양육자가 사라져도 크게 슬퍼하지 않고, 다시 돌아와도 역시
기뻐하지 않지요. 회피애착은 부모가 너무 무섭거나 아이의 기분이
나 욕구와는 상관없이 지나치게 간섭할 때 나타납니다.

저항애착을 형성한 아이들은 부모에게 지나치게 매달립니다. 부
모가 자신의 욕구를 빨리 알아차려 해결해주지 않으면 짜증을 내고

화를 내는 행동 패턴을 보이지요. 이런 아이의 부모는 대체로 둔감하고 일관적이지 않은 양육 태도를 보입니다. 아이가 보내는 신호를 빨리, 그리고 정확하게 알아차리지 못하다 보니 아이를 짜증나게 할 때가 많은 거예요. 또한 자신의 기분 상태에 따라 아이에게 관심을 보이다 말다 하기 때문에 아이들은 늘 부모가 자신에게 관심을 갖고 있는지, 자신을 돌봐줄 것인지를 신경 쓰게 됩니다. 그래서 부모 근처에 머물며 떼를 쓰는 것입니다.

가장 발달 예후가 좋지 않은 유형은 혼란애착입니다. 이 유형에 속하는 아이들은 말 그대로 부모와의 관계에서 혼란스러운 모습을 보입니다. 회피애착처럼 부모를 피하다가도 저항애착처럼 부모에게 다가가려는 행동이 혼재하지요. 이는 부모가 전혀 예측할 수 없는 행동을 하기 때문입니다.

혼란애착 아이들의 부모는 우울 또는 해결되지 않는 스트레스로 인해 정서적으로 불안정한 경우가 많습니다. 그러다 보니 아이를 민감하게 살피지 못하고 방치하거나, 아이가 별다른 잘못을 하지 않았는데도 분노를 폭발시키곤 합니다. 그런 다음에는 미안한 마음에 아이에게 갑자기 잘해주기도 하지요. 이런 일이 반복되면 아이는 부모에게 다가가도 싶어도 다가가지 못해요. 부모가 언제 화를 내거나 처벌을 가할지 도무지 알 수 없기 때문에 두려운 거예요. 그래서 부모의 도움이 필요할 때도 쉽게 도움을 요청하지 못하고 어정쩡한 태도를 보이게 되는 것이지요.

이처럼 유형에 따라 불안정애착을 부르는 부모의 양육 태도는 다 다르지만, 공통적인 한 가지를 꼽을 수 있어요. 바로 자녀의 욕구나 감정에 둔감하다는 점입니다. 아이와 건강한 애착 형성을 원한다면 아이를 잘 살필 줄 알아야 합니다. 관심과 애정을 가지고 아이의 욕구와 의도, 감정을 잘 헤아리는 부모가 된다면 아이와 보내는 시간이 다소 부족하더라도 안정적인 애착 형성이 가능할 것입니다. 🖤

아이와 놀아주는 게 힘들어요

. . .

아이들이 역할놀이를 하자고 할 때마다 난감합니다. 저에게는
병원놀이나 소꿉놀이가 아이들에게 간식을 만들어주거나 놀이동산에
데려가는 일보다 더 피곤해요. 이런 놀이가 아이 발달에 중요한가요?
꼭 같이 해야 할까요?

여러 상황을 배경으로 진행되는 역할놀이는 무엇보다 아이의 발달, 그중에서도 사회성 발달에 필수적입니다. 사회성은 말을 배우거나 블록을 조립하는 것보다 습득하기가 좀 더 복잡하고 어려운 기술입니다. 타인과 어울리며 맞닥뜨리게 되는 상황은 전부 다 다르고, 그때마다 정해진 답이 있는 것도 아니니까요. 따라서 아이들이 사회적 상황을 이해하고 그 상황에 맞게 행동하기 위해서는 수많은 연습이 필요합니다. 병원놀이나 소꿉놀이가 바로 그 연습이라고 할 수 있습니다.

역할놀이를 할 때 아이들은 자신이 경험한 한 가지 상황을 설정

하고, 그 상황에 맞는 역할을 정합니다. 그런 다음, 즉흥극처럼 즉석에서 대사를 만들며 에피소드들을 이어나가지요. 이때 자기가 보고 들은 것들을 떠올려 적용하곤 합니다. 예를 들어, 병원에 갔을 때 보고 들었던 말과 행동을 해보는 것이지요. 이런 식으로 각각의 상황에서 어떻게 말하고 행동해야 하는지 배우게 됩니다. 여럿이 함께 놀이를 할 때는 상대의 말에 맞춰 자신의 말과 행동을 정해야 하기 때문에 눈치와 함께 순발력도 발달해요. 자기 생각대로만 놀이가 흘러가지 않으므로 더욱 다양한 사회적 상황을 연습하고 배울 수 있습니다.

타인조망수용 능력과 공감 능력 또한 역할놀이를 통해 발달시킬 수 있어요. 타인조망수용 능력이란 다른 사람의 입장에서 상황을 이해하는 능력을 말합니다. 엄마나 아빠, 의사나 환자가 되어보면 그 입장을 어느 정도 이해하게 돼요. 엄마가 되어 밥 안 먹는 아이를 달래보고, 의사가 되어 주사를 무서워하는 아이를 다독이며 그 심정을 짐작할 수 있게 되는 것이지요. 그렇게 다른 사람이 느끼는 생각과 감정을 이해하게 되니 공감 능력도 발달하는 거예요.

사회성은 성인기의 성공적인 적응을 예측하는 가장 강력한 요인으로 알려져 있습니다. 별로 재미가 없더라도, 때로는 피곤하더라도 아이의 건강한 성장발달을 위해 가끔은 아이와 함께 역할놀이를 해보는 건 어떨까요? ♥

자해행동을 해요

• • •

20개월 아들을 키우고 있어요. 지금껏 아이에게 큰소리 한번
치지 않았어요. 저는 아이가 잘못된 행동을 하면 바로 제지하고
다른 곳으로 관심을 돌릴 수 있게 하는데, 그 잠깐 사이에 아이는
화를 내며 자기 머리를 때립니다. 요즘은 제 눈을 똑바로 쳐다보면서
그러기도 하고, 울면서 바닥에 머리를 찧기도 해요. 이런 모습을
볼 때마다 너무 속상합니다. 제가 뭔가 잘못하고 있는 걸까요?
자해행동의 원인과 대처 방법에 대해 알고 싶어요.

아이에게서 자해행동이 자주 관찰되는 연령은 12개월에서 36개
월 사이입니다. 특히 두 돌 전후가 가장 심하지요. 그러니까 우리가
'걸음마기'라고 부르는 시기의 아이들에게서 자해행동을 종종 관찰
할 수 있습니다. 이 시기에 자해행동이 많이 나타나는 이유는 걸음마
기 아이들의 발달적 특성 때문입니다. 자해행동은 일종의 공격적 행
동이에요. 공격적 행동은 욕구가 좌절되었을 때 가장 많이 나타납니
다. 욕구가 좌절되어서 감정이 격해지고, 이런 격한 감정을 표현하는
방식으로 자해행동을 택하는 것이지요. 왜 엄마나 주변 사람을 때리
지 않고 자신을 때리는 방식으로 분노를 발산하는 것일까요?

아이들은 어느 정도 자기 몸을 컨트롤할 수 있는 6개월 이후부터 엄마에게 머리를 박는 행동을 하곤 합니다. 걷기 시작한 뒤로는 그렇게 하고 도망가는 일이 가능해지는데, 대부분의 부모는 아이가 타인에게 보이는 공격적 행동을 엄격하게 제한합니다. 화는 나는데 타인을 때리는 것으로 분노와 좌절감을 발산할 수 없을 때, 아이는 분에 차서 자신을 공격하게 되고 이러한 자해행동은 양육자를 크게 당황하게 만들지요. 특히 어린아이가 자해행동을 보이면 어른들은 크게 염려하면서 제한을 풀어주고, 아이가 원하는 대로 해줄 때가 많아요. 이러한 경험이 쌓이면 아이는 좌절감을 표현하는 방법이자 자신이 원하는 것을 얻기 위한 수단으로 자해행동을 반복하게 됩니다.

걸음마기에 자해행동을 많이 하는 이유는 언어발달이 미숙한 데다 무슨 일이든 자기 뜻대로 하고자 하는 욕구가 아주 커지기 때문입니다. 하고 싶은 것은 많은데 그 욕구를 충족할 만큼 언어나 인지, 신체 능력이 발달하지 못해서 쉽게 좌절감을 느끼는 것이지요. 변덕스럽고 감정기복도 심한 시기라서 별것 아닌 일에도 화를 내거나 속상해하곤 합니다. 이런 감정들이 자해행동뿐 아니라 심한 떼쓰기로 이어지는 것입니다.

다행히 만 3세가 지나면 자해행동을 포함한 신체적 공격 행동은 많이 줄어듭니다. 언어를 비롯해 다양한 능력이 발달하니까요. 따라서 걸음마기 아이가 보이는 자해행동에 너무 압도되거나 아이에게 문제가 있는 것은 아닌지 두려워할 필요는 없습니다. 물론 아이가 만 3세가 될 때까지 그저 기다릴 수는 없는 노릇이지요. 무작정 기다리기만 해서는 아이가 좋은 방향으로 발달한다는 보장도 없어요. 아이의 자해행동을 그냥 두고 보는 대신 보다 긍정적인 행동으로 이끌어야 합니다.

자해행동은 부모의 관심을 끌기 위한 거니까 그냥 무시해야 한다는 견해도 있지만, 그랬다가는 자칫 큰 사고로 이어질 수 있어요. 아직 독립된 자아를 형성하지 못한 걸음마기 아이들이 자신을 보호해주지 않는 양육자에게 커다란 실망감과 분노를 갖게 될 수도 있습니다. 그래서 그런 방식은 권하고 싶지 않아요. 영유아 부모의 역할 중 무엇보다 중요한 것은 아이를 안전하게 보호함으로써 아이가 안심할 수 있도록 해주며 애착을 돈독히 하는 것이니까요.

아이가 자해행동을 할 때는 "너 대체 왜 그래?", "제발 그러지 마!"라는 식으로 지나치게 관심을 주기보다는 아이의 몸을 잡거나 안아서 제지해야 합니다. 동시에, 아이의 관심을 다른 흥밋거리로 얼른 돌려야 해요. 만일 아이의 자해행동을 막지 못했다면, 혹은 아이가 엄마를 때리거나 엄마의 품을 벗어나려고 버둥거린다면 그때는 아이가 진정할 수 있도록 시간을 주세요.

엄마가 꼭 안으면 아이는 팔다리를 움직이기 어렵습니다. 아이의 등을 쓸어주면서 몸을 앞뒤로 흔들어보세요. "화가 나서 그랬어? 많이 속상했구나?" 하고 말해주는 것도 좋습니다. 너무 많은 말은 피해야 합니다. 아이를 자극할 수 있으니까요. 가볍게 흔들리는 몸은 아이의 전정기관을 자극해 심리적 안정감을 줍니다. 엄마의 체온과 심장소리도 아이를 편안하게 하지요.

아이가 진정되면 얼굴을 마주하고 환하게 웃어주세요. "이제 기분이 나아졌구나!" 하면서 아까 제안했던 활동으로 아이의 관심을 다시 유도합니다. 아이가 활동을 잘하고 있을 때 이전의 일에 대해 간단하게 말해주는 것도 잊으면 안 됩니다. "아까는 향초를 먹고 싶었지? 거기에서 아주 달콤한 냄새가 나서 말이야. 하지만 그건 먹는 게 아니라서 엄마가 안 된다고 했던 거야. 잠깐 속상했겠지만 잘 참았구나"라는 식으로요.

아이의 공격적 행동이 감소하기 위해서는 반드시 언어발달이 수반되어야 합니다. 자신의 감정, 생각, 욕구를 정확히 표현하면 할수록 욕구 좌절은 줄어들고, 욕구 좌절이 줄면 공격성도 자연히 감소하니까요. 아이가 서툰 언어로 말할 때 잘 들어주며 다시 적절한 표현으로 바꿔 들려주세요. 반복하다 보면 아이는 좀 더 나은 의사소통 능력을 갖게 될 거예요. 그러면 짜증을 내는 일도 줄어들 것입니다. ♥

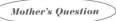

어떤 양육 태도를 가져야 할까요?

• • •

어린 시절의 경험이 그 사람의 성격이나 인간관계 등에
큰 영향을 미친다고 들었어요. 저도 어렸을 때 애정 결핍에 시달려서
그런지 성인이 된 후에도 타인과의 관계에 있어 많은 어려움을
겪었습니다. 지금은 결혼해서 어린아이를 키우고 있는데,
이 시기가 아이의 평생을 좌우할 수도 있겠다는 생각이 듭니다.
제가 어떤 양육 태도를 가져야 할까요?

미국의 아동발달 전문가 다이애나 바움린드는 부모들의 양육 태
도를 크게 네 가지로 구분했습니다. 독재적인 태도, 허용적인 태도,
권위 있는 태도 그리고 방임적인 태도가 그것이지요. 이 네 가지 양
육 태도는 애정과 통제라는 두 가지 축으로 구성되어 있습니다.

독재적인 양육 태도는 애정은 적고 통제는 많은 태도입니다. 반
대로 허용적인 태도는 애정이 많고 통제가 적은 태도예요. 권위 있는
양육 태도는 애정과 통제가 모두 많은 태도, 방임적인 양육 태도는
애정과 통제가 모두 적은 태도라고 할 수 있습니다.

많은 부모가 허용적인 양육 태도가 좋은 것이라고 생각합니다.

아이에게 애정을 많이 주고, 대신 통제는 적게 해야 한다고 믿는 것이지요. 아이를 키우는 데 있어 애정을 듬뿍 주는 것은 당연히 좋은 일입니다. 하지만 애정 못지않게 필요한 것이 바로 통제입니다. 아이들은 좌절을 참고 유혹에 저항하는 자기조절력을 키워야 하는데, 이것은 적절한 통제와 훈육을 통해서만 기를 수 있어요. 허용적인 양육 태도로 아이를 키우면 아이의 자기조절 능력이 제대로 발달하지 못합니다. 이는 양육 태도에 관한 수많은 연구 결과로 밝혀진 사실입니다.

부모는 권위 있는 태도로 아이를 키워야 합니다. 권위가 있다는 것은 흔히 쓰는 '권위적'이라는 말과 다릅니다. 권위는 '남을 지휘하거나 통솔하여 따르게 하는 힘'이고, 권위적이라는 것은 '권위를 내세운다'는 뜻이지요. 부모 마음대로 아이의 일을 결정하고 아이가 억지로 따라 오게 하는 독재적 양육 태도와도 구분해야 합니다.

권위 있는 부모라고 하면 애정이 부족하지 않느냐고 걱정할 분들이 있을 것 같은데, 그렇지 않습니다. 권위 있는 부모는 아이에게 풍부한 애정을 주되, 필요할 때 통제를 합니다. 무조건 지시하는 대신 이유를 설명하면서 아이가 바른 행동을 할 수 있도록 이끌어주지요.

때때로 자신의 양육 태도를 점검해보길 바랍니다. 그런 노력이야말로 아이의 성장과 발달에 좋은 밑거름이 될 것입니다. ♥

모든 자극은 몸에 기억됩니다

　언젠가 정신과 전문의인 유희정 씨가 영화 〈올드보이〉에 대해 쓴 칼럼을 읽었습니다. 세계적으로 유명한 작품인 〈올드보이〉는 오대수라는 주인공이 이유도 모른 채 누군가에게 납치되어 15년이나 갇혀 지내다가 풀려나는 이야기로 시작됩니다. 오대수를 그렇게 만든 사람은 이우진이라는 인물이었지요. 오대수는 자신이 이유도 모른 채 억울한 일을 당했다고 생각하지만 이우진에게 오대수는 용서받지 못할 인물이었습니다.

　유희정 씨는 "기억이 언어를 배우기 이전의 어린 시절에 형성되었거나 자아를 압도할 만큼 너무 강해 차마 언어화되지 못하면 그것은 '몬스터'처럼 마음속 깊은 곳에 웅크리고 있거나 언어가 아닌 다른 방식을 빌려 표현된다"라고 썼습니다. "혹시 오대수가 이우진의 사연을 기억하지 못했던 것도 그 사연이 사소한 것이어서가 아니라 오히려 17세에 불안정한 사춘기 소년에겐 너무 크고 불안했기 때문은 아닐까"라는 평을 읽고 저는 엔델 툴빙이라는 학자의 이론이 떠올랐습니다.

　툴빙에 따르면 사람의 기억 체계는 절차 기억, 의미 기억 그리고 일화 기억으로 나뉜다고 합니다. 의미 기억은 언어로 저장되기 때문에 언어가 발달한 시기부터 사용하게 되고, 언어가 발달하기 이전의 기억은 대개 절차 기억으로 저장되지요. 즉 절차 기억이란 신체적 감각과 몸으로 기억되며 언어적으로 표현하기 힘든 기억을 말합니다.

아기 때 엄마로부터 받았던 돌봄, 엄마 품에 안겼을 때 느꼈던 포근한 촉감, 배고플 때 엄마가 주던 젖의 달콤함, 엄마의 미소와 자신을 다루던 부드러운 손길, 따뜻하고 애정이 깃든 목소리 등은 모두 절차 기억으로 저장됩니다. 이것이 아이가 커서 세상을 온정적이고 믿을 만한 곳으로 인식하게 만드는 역할을 하겠지요. 반대로 엄마의 거친 손놀림이나 악쓰는 소리, 끝없는 배고픔 등은 아기의 기억에 저장되어 세상을 어둡고 두려운 곳으로 인식하게 만듭니다.

이러한 경험들은 언어적으로 기억되지 않아서 사람들에게 잘 설명할 수는 없지만, 몸 전체에 기억되어 있습니다. 때문에 우연히 다른 사람과 몸이 스치기라도 하면 화들짝 놀라거나 피해버리고 막연히 다른 사람과 관계를 맺는 것에 대해 두려움을 느끼는 사람으로 성장할 수도 있는 것이지요.

제가 만났던 애착장애 아이들이 모두 이런 경우입니다. 이 아이들은 온몸에 좋지 않은 기억이 새겨져 있어서 다른 사람을 향해 쉽게 마음의 문을 열지 않습니다. 아무리 사랑한다고 말해주어도 별 소용이 없습니다. 몸으로 저장된 기억은 몸으로만 풀어지기 때문입니다. 따라서 이 아이들을 변화시키려면 아이가 어렸을 때 받았어야만 했던 좋은 양육을 몸으로 다시 경험하게 해주어야 합니다. 아기처럼 따뜻하게 안아주고 다루어주며 보호해주는 것. 이런 것을 다시 경험하게 될 때 새로운, 그리고 긍정적인 기억이 저장될 거예요.

　현실적으로는 매우 힘든 일이지요. 사람은 서너 살부터 자의식이 강해지고, 나이가 들수록 타인과 외부 세계에 대한 인식이 굳어져 좀처럼 새로운 자극을 받아들이지 않으려고 하기 때문입니다. 또한 갓난아기 때에만 받을 수 있는 원초적인 양육은 일정 연령이 지나서는 받을 수가 없습니다. 그러니까 모든 엄마는 아이가 한 살이라도 어릴 때 좋은 기억을 팍팍 저장해주어야 합니다. 그 시간은 다시 오지 않으니까요.

　에릭 에릭슨의 이론도 같은 메시지를 전합니다. 에릭슨은 아이가 만 0세에서 1세 때 받았던 양육의 기억이 심리적 토대가 되어 그 후의 인생에 커다란 영향을 미친다고 했습니다. 이 시기에 부모가 아이의 욕구를 민감하게 알아채고 충족시켜주었다면 아이는 세상에 대한 신뢰감을 갖게 되고, 그렇지 못했다면 불신감을 형성한다는 것입니다.

　사람의 마음이란 정말 신기한 면이 있습니다. 태어나서 3세 정도까지의 일들은 기억으로 남지 않는다고 일반적으로 알려져 있습니다. 하지만 이는 이성으로서의 기억을 말합니다. 감정으로는 당시의 일들이 확실하게 기억됩니다. 감정으로 기억된다는 것은 어떤 의미일까요? 그것은 기분이 좋았거나 나빴던 일, 즐거웠거나 슬펐던 일, 안심하고 지냈거나 불안했던 일, 만족감을 얻었거나 불만으로 가득했던 일, 즉 쾌감과 불쾌감의 기억을 말합니다. 에릭슨의 기본적 신뢰감과 불신감 이론에 따르면 어릴 때 느꼈던 쾌감은 외부 세계에 대한 신뢰로, 불쾌감은 불신으로 연결됩니다. 이러한 심리적 토대가 인생에 영향을 미친다는 거예요.

따라서 부모는 아이의 신체 건강과 정신 건강을 돌보고, 모든 성장의 과정을 지켜보며 올바른 방향으로 이끌어주어야 합니다. 부모로서 아이를 사랑하고 기르는 것은 실로 엄청나게 힘든 과정입니다. 하지만 아이를 훌륭하게 양육하고 사랑하는 것만큼 가치 있는 일도 이 세상에 없을 거예요. 육아만큼 부모 자신의 인간성과 가치관, 인생관 그리고 삶의 자세가 중요한 영향을 미치는 일도 없을 것입니다.

부모도 인간입니다. 결점도 있고 미숙한 부분도 있을 수밖에 없습니다. "당신은 어떤 부모입니까?"라는 질문에 당당할 수 있는 부모는 그다지 많지 않을 것입니다. 하지만 중요한 것은 '앞으로 어떤 부모가 되고자 하는가'입니다. 지금은 결점도 있고 미숙하지만 더 좋은 부모가 되려고 노력하는 부모의 태도에서 아이들은 진정한 사랑을 느낄 것입니다. 자신의 부모가 훌륭하고 완벽한 인간은 아닐지라도 자신을 위해 끊임없이 노력하고 있다는 것을 아이들은 분명히 알고 있습니다. 그리고 그러한 기억은 아이가 평생 살아가는 데 가장 큰 힘이 되어줄 것입니다.

PART
2

정 서

따뜻하고 단단한 아이로 키우고 싶어요

속상하면 옷장에 숨어요

• • •

저희 아이는 속상한 일이 생기면 옷장에 들어가 숨어버립니다.
처음에는 한참 찾았어요. 대체 왜 그러는 걸까요?
아이 정서에 무슨 문제라도 있는 걸까요?

문제 상황에 대처하는 전략은 사람마다 다릅니다. 아이들도 마찬가지예요. 옷장에 숨는 아이는 회피적인 대처 방식을 갖고 있을 가능성이 큽니다. 옷장에 들어가 스트레스가 있을 때 부모나 가까운 사람에게 알리고 표현하기보다는 억누르며 피하고자 하는 심리가 숨는 행동으로 표현된 것이라고 볼 수 있어요.

어쩌면 이러한 행동을 통해 자신에게 문제가 있음을 알리고자 했을 수도 있습니다. 옷장에 들어가서 숨는다는 것은 결코 평범한 행동이 아니기 때문에 부모의 주의를 끌고 자신을 걱정하게 만들 수 있으니까요. 아이는 이런 반응을 기대하고 숨었을지 몰라요. 이 역시 자기표현을 제대로 하지 못하는 것이지요.

　분명하고 적절하게 자신의 생각이나 감정을 표현하고 부모에게 도움을 청하는 것이 건강한 대처 방식이라고 할 수 있어요. 이렇게 자기표현을 할 수 있으려면 평소 부모가 아이의 말에 귀를 기울이고 적극적으로 경청해야 합니다. 아이에게 무슨 일이 있었는지, 그 일로 인해 어떤 생각이나 감정이 들었는지 이야기를 나눠보세요. 추궁하는 식으로 대화를 하면 아이가 입을 다물 수 있어요. 속마음은 그렇지 않더라도 겉으로는 차분하게 들어줘야 아이 역시 편안하게 말을 할 수 있습니다.

　아이가 도움을 필요로 할 때는 신속하게 반응해줘야 합니다. 그래야 '엄마 아빠는 나에게 문제가 생길 때 도와주는 사람이야'라는 신념을 갖게 되니까요. 이런 믿음이 있어야 문제나 스트레스 상황에 처했을 때 이를 부모에게 알리고 도움을 청하며, 부모의 조언을 받아들이게 됩니다.

　살아가는 동안 크고 작은 문제는 생기기 마련이에요. 그때마다 숨거나 피하지 않고 자신의 문제를 명확하게 바라보며, 필요하면 주위에 도움을 청할 줄 아는 사람이 되도록 아이를 이끌어주세요. 건강한 대처 방식을 습관화한다면 아이는 어떤 상황에서도 쉽게 좌절하지 않을 것입니다. ♥

아이 앞에서 부부싸움을 했는데
괜찮을까요?

• • •

얼마 전 저희 부부가 크게 다퉜습니다. 아이 앞에서 그러면 안 됐는데,
서로 화가 많이 나 있다 보니 큰소리를 내고 상처 되는 말을 주고받았어요.
아이는 장난감을 가지고 노느라 정신이 없어서 그런지 별로 신경을
안 쓰는 것 같더라고요. 너무 걱정하지 않아도 되는 걸까요?

엄마 아빠가 다투는데도 아랑곳하지 않고 제 할 일을 하거나 심
지어 텔레비전을 보면서 웃기까지 하는 아이들이 있습니다. 부모는
이런 아이의 모습에 당황하기도 하지만, 다행이라고 생각하기도 합
니다. 그런데 이런 반응은 결코 좋은 것이라고 할 수 없어요.

처음부터 부모의 싸움에 신경 쓰지 않는 아이는 없습니다. 엄마
와 아빠가 싸우는 모습을 처음 봤을 땐 아마 울기도 하고, 말리기도
했을 거예요. 하지만 이러한 노력이 전혀 효과를 보지 못하고, 때로
는 자신에게 불똥이 튀는 경험을 하다 보면 아이는 점점 무력감을 느
낍니다. 갈등 상황에서 자신이 할 수 있는 것은 아무것도 없다는 생

각을 하게 되는 것입니다. 결국 자신을 보호하기 위해 불편한 상황을 차단하고 회피하게 되겠지요. 할 수 있는 것도 없는데 신경을 쓰고 있으면 스트레스만 커지기 때문입니다.

옆에서 부모가 싸우고 있는데도 아무렇지 않은 듯 행동하는 아이는 사실 아무렇지 않다고 할 수 없어요. 엄마 아빠에게 신경 쓰지 않으려고 애써 노력한 것일 테니까요. 갈등 상황을 외면하는 행동은 일시적으로 아이를 보호해줄지 모릅니다. 하지만 결과적으로는 아이의 문제해결 능력을 크게 떨어뜨릴 것입니다. 크고 작은 장애물을 만날 수밖에 없는 우리의 삶에서 문제해결 능력을 갖추는 것은 무엇보다 중요합니다. 문제를 맞닥뜨릴 때마다 매번 숨거나 도망칠 수는 없어요. 직접 부딪치고 고민하며 해결해나가야 하겠지요. 그 능력을 길러주는 것 또한 부모의 역할입니다.

"우리 아이는 정말로 신경 안 써요. 별로 상처도 안 받는 것 같아요"라고 말하는 분도 있습니다. 부모의 다툼이 잦아지면 그 상황 자체에 둔감해질 수 있어요. 그러면 아이들은 공격적인 행동을 별것 아닌 것으로 치부하게 되는데, 그것 또한 큰 문제입니다. 다른 사람에게 공격적인 언행을 일삼게 되고, 무엇보다 자신이 그런 일을 당했을 때 부당함을 느끼지 못할 테니까요.

살다 보면 배우자와 다툴 수도 있습니다. 때로는 아이 앞에서 의견 충돌이 생길 수도 있지요. 중요한 것은 평화로운 방식으로 서로의 의견을 조율하는 습관입니다. 싸움의 규칙을 몇 가지 정해보는 건 어떨까요? '무조건 존댓말 쓰기', '3초간 생각하고 말하기' 같은 것도 좋습니다. 화를 억누르기 힘들다면 잠시 심호흡을 해보세요. 갈등을 현명하게 해결하는 모습은 아이에게도 좋은 본보기가 됩니다. 폭력적인 말과 행동은 부부 두 사람에게도 상처가 되지만, 특히 아이에게 커다란 상처를 남긴다는 사실을 잊지 않았으면 좋겠습니다. ❤️

화를 심하게 내요

• • •

아이가 화를 잘 내요. 화가 많이 나면 마구 소리를 지르고 물건을
던지기도 합니다. 하지 못하게 하면 더 심하게 소리를 질러요.
아이 아빠는 그럴 때마다 아이보다 더 화를 내면서 크게 혼을 냅니다.
제대로 혼이 나야 다시는 그러지 않는다는 이유로요. 하지만 제가
보기에는 나아지지 않는 것 같습니다. 아이가 대체 왜 그러는 걸까요?

어른뿐 아니라 아이들도 스트레스를 받습니다. 스트레스가 쌓이
고 쌓이다가 자신이 적응할 수 있는 수준을 넘어서면 누구나 스트레
스 반응을 보이는데요, 스트레스 반응에는 기분이 안 좋아지는 것과
같은 심리적 반응과 몸에 변화가 나타나는 생리적 반응이 있습니다.

스트레스를 받으면 일단 뇌의 한 부분인 시상하부가 자극됩니
다. 시상하부는 스트레스에 대항하는 호르몬을 분비하도록 뇌하수
체에 명령하며 자율신경계의 교감신경을 활성화합니다. 교감신경은
스트레스를 유발하는 신체적·심리적 위협에 맞서 문제를 해결할 수
있도록 각성 반응을 일으켜요. 그 결과 심장박동이 빨라지고, 혈압

이 상승하며, 골격과 신경으로 가는 혈액의 양이 늘어납니다. 간에서는 활동에너지인 포도당을 마구 만들어내고요. 그에 따라 호흡은 가빠지고, 주먹과 발에는 힘이 잔뜩 들어가게 됩니다. 한마디로 온몸에 긴장 에너지가 가득해지는 거예요.

다른 사람의 눈에는 아이가 갑자기 화를 내는 것으로 보일 수도 있지만, 사실은 터지기 직전의 폭탄 같은 상태로 지내다가 아주 작은 요인으로 폭발한 것인지도 모릅니다. 소리를 지르고 물건을 던지는 행동은 분명 옳지 않아요. 하지만 그 잘못을 당장 바로잡기 위해 아이보다 더 크게 화를 낸다면 아이는 달라지지 않을 것입니다. 오히려 심해질 수도 있지요. 아이는 부모의 행동을 거울처럼 따라 하니까요.

흥분한 아이는 우선 진정시켜야 합니다. 진정이 되어야 부모의 말을 들을 수 있기 때문이지요. 그리고 먼저 아이의 이야기를 들어주세요. 화가 난 원인이 무엇인지 알아보고 그 감정을 헤아려주어야 합니다. 그런 다음, 옳고 그름을 알려주세요. 화가 나는 것은 자연스러운 감정이지만, 소리를 지르고 물건을 던지는 행위로 표출하는 것은 옳지 않음을 가르쳐야 합니다. 아이가 화를 가라앉힐 수 있는 방법을 찾아보는 것도 좋아요. 심호흡을 하거나 숫자를 세는 방법, 좋아하는 것을 떠올리는 방법도 있습니다.

성인임에도 화를 다스리는 데 서툰 사람들이 많아요. 하지만 화를 마구 표출한다고 해서 문제가 해결되지는 않습니다. 아이가 스스로 화가 난 원인을 생각하고 어떻게 풀어나가야 할지 고민하는 사람이 되도록 도와주세요. 아이 몸에 쌓인 긴장 에너지를 활동적인 놀이 형태로 발산하게 도와주는 것도 필요합니다. ♥

혼자만의 세계에 빠져 있어요

• • •

네 살 아이가 혼자 놀기를 좋아해요. 엄마 아빠에게 놀아달라고
하지도 않습니다. 놀이에 열중할 때는 불러도 대답조차 하지 않아요.
최근 문화센터에 등록을 했는데, 선생님이 하는 행동에도 전혀
관심이 없고 밖으로 나가려고만 합니다. 친구가 다가오면 피하고,
자기 물건에 손대는 친구는 할퀴기까지 해요. 혼자만의 세계에
빠져 있는 아이, 괜찮은 걸까요?

부모들이 두려워하는 아이의 말 중 하나가 "놀아줘!"입니다. 아이가 놀아달라고 조르면 대부분의 부모는 '도대체 언제쯤이면 혼자 놀 수 있을까?'라고 생각하지요. 혼자서도 잘 노는 아이를 보면 부러워하기도 합니다.

아이들은 혼자서도 놀 수 있어야 합니다. 주변에 있는 것들을 적극적으로 탐색하고 이를 이용해 놀이를 만들어내는 능력은 참으로 좋은 거예요. 하지만 다른 사람과 함께 노는 경험도 반드시 필요합니다. 다른 사람과 어울려 놀면서 아이는 더 고급스럽고 세련된 놀이 기술을 배워나갑니다. 혼자 놀 때는 몰랐던 새로운 놀이 경험도 할

수 있지요.

다른 사람과 함께하는 놀이는 특히 사회성 증진에 큰 도움을 줍니다. 놀잇감을 나누고, 순서를 기다리고, 상대의 신호나 반응에 맞추어 대응하는 능력을 발달시킬 수 있으니까요. 혼자서만 놀게 되면 매일 그 나물에 그 밥인 것처럼 관심사가 늘지 않아요. 무엇이든 자기식대로 하기 때문에 나중에 기관에 가서 또래와 함께 어울려야 할 때 어려움을 겪게 될 수도 있습니다.

어린아이들에게 놀이는 단순히 즐거움을 넘어 생존에 필요한 지식과 기술을 배우는 기회가 됩니다. 그렇기 때문에 아이보다 발달 수준이 높은 부모나 성인과의 놀이도 분명 필요합니다.

부모가 이보다 더욱 적극적으로 나서야 하는 경우도 있습니다. 단순히 혼자 놀기를 좋아하는 것이 아니라 애착장애로 인해 다른 사람과 상호작용을 하려고 하지 않는 아이가 여기에 해당해요. 질문 속 아이는 꽤 심각한 경우로 애착장애가 의심되는 수준이라 볼 수 있어요. 단순히 사회성이 떨어지는 정도가 아닌 것이지요.

아이들은 애착 형성을 시작하는 생후 6개월부터 사회적 관계를 맺으려 합니다. 부모를 확실히 알아보게 되고 말은 못 하지만 부모와 소통하려고 애를 쓰지요. 부모를 쳐다보며 울기도 하고, 미소를 지어 보이기도 하면서 부모에게 다가가려고 버둥대는 모든 행동이 부모와 관계를 맺으려는 시도입니다. 제법 잘 기어 다닐 수 있는 시기가 되면 보다 적극적으로 부모를 향해 돌진해요.

그로부터 3~4년간 부모는 심신이 지칠 정도로 아이에게 시달리게 됩니다. 아이는 끊임없이 부모에게 말을 걸고, 갖고 싶은 것을 사 달라고 조르며, 놀아달라는 요구를 해요. 그런 요구를 하지 않을 땐 혼자서 사고를 칩니다. 싱크대 서랍을 뒤지거나, 욕실을 난장판으로 만들거나, 엄마의 화장대를 엉망으로 해놓지요. 아이는 이렇게 세상을 탐색하고 부모를 비롯한 주변 사람들과 끊임없이 상호작용을 해 나갑니다. 이런 경험은 더 넓은 세상에서 또래를 비롯한 타인과 관계를 맺어나가는 밑거름이 됩니다.

그런데 애착장애가 있는 아이들은 다른 사람, 심지어 자신의 부모와도 관계를 잘 맺지 못하고 혼자만의 세계에 갇혀 지냅니다. 사람들과 함께하는 놀이보다는 혼자만의 놀이나 공간을 더욱 선호하지요. 이런 행동은 자폐증을 앓고 있는 아이들에게서 볼 수 있는 특성이지만, 애착장애 아이들도 이와 비슷한 행동 양상을 보입니다.

애착장애가 있는 아이들은 양육자를 찾거나 양육자에게 가까이 다가가려 애쓰지 않아요. 물론 처음부터 그러지는 않았을 겁니다. 100일 무렵에는 여느 아이들처럼 낯익은 사람에게 반응을 보이고 칭얼대기도 했을 거예요. 다만 부모의 반응은 아이의 기대와 달랐을 것입니다. 아프거나 바쁘거나 지나치게 둔감한 양육자는 아이의 요구에 적절히 반응하지 못하고, 그 결과 아이들은 사람과 소통하는 법을 배우지 못합니다.

애착 형성에 문제가 생긴 아이들은 부모와의 유대감이 낮을 수밖에 없어요. 양육자와의 상호작용 경험이 부족한 만큼 언어 발달 또한 느린 경우가 많습니다. 학습인지 능력이 우수한 아이들은 스스로 언어를 터득하기도 하지만, 상호작용을 통해 배운 것이 아니다 보니 표현이 다소 독특합니다. 텔레비전이나 오디오북을 통해 배운 말들이라서 말투나 어휘가 부자연스럽기도 하고, 어려운 어휘는 아는데 일상생활에서 흔히 쓰는 말을 못 알아듣는 경우도 있지요. 사람과 상호작용을 하다 보면 자연스레 감정을 주고받게 되는데, 이런 경험이 부족하다 보니 커서도 상대방을 배려하거나 감정을 나누는 일에 어려움을 느껴요.

이처럼 애착 문제는 생의 가장 초기에 발생할 수 있는 문제이자, 고치려는 노력이 없는 한 생의 마지막까지 지속될 수 있는 문제입니다. 따라서 아이와 긍정적인 관계를 회복하려는 부모의 적극적인 노력이 필요합니다. 유아기 아이들은 아직 발달이 미숙해 또래관계에서 협동하는 게 부족하긴 하지만, 그래도 또래에게 관심을 갖고 또래의 행동을 모방하기도 합니다. 성인과는 좀 더 협력적이고 상호적인 놀이를 더 오래 지속할 수 있습니다. 따라서 성인과 상호적인 놀이 경험을 많이 해야 하고, 또래와 놀 때도 서로에게 관심을 갖도록 자극하는 것이 필요합니다.

양육자가 있음에도 정서적·사회적으로는 방치되고 있는 아이들이 있어요. 먹이고 입히는 것도 중요하지만 그것이 양육의 전부는 아닙니다. 신체적으로 돌보는 것만큼이나 중요한 것이 아이의 발달에 필요한 자극과 정서적 교류임을 잊지 말아주세요. ♥

이혼이 아이한테 어떤 영향을 미칠까요?

• • •

> 이혼을 준비 중인 부부입니다. 아이들이 충격을 받을까 봐
> 미뤄왔는데, 얼마 전 긴 논의 끝에 결정을 내리게 되었습니다.
> 저희에게는 최선의 선택이라고 생각하지만, 아이들이 걱정입니다.
> 이혼이 아이들에게 얼마나 악영향을 미치는지 궁금합니다.

우리나라의 이혼율은 아시아 국가 중 1위로 매우 높은 편에 속합니다. 그래서 그런지 주변에서 이혼 가정을 심심찮게 볼 수 있어요. 이혼이 늘어났다고 해서 사람들이 이혼을 가볍게 생각하고 있다는 뜻은 아닙니다. 특히 자녀가 있는 부모들은 이혼을 망설이게 되지요. 혹시 자녀의 정서 발달에 해를 끼치지는 않을까 하는 걱정 때문에 불행한 결혼생활을 억지로 이어가는 경우도 있습니다. 이혼을 한 뒤에도 '내가 좀 더 참았어야 했나?', '나로 인해 아이가 힘들어진 것은 아닐까?' 하고 염려하며 죄책감을 갖는 사람이 많아요.

부모의 이혼이 정말 아이의 삶에 해가 되는 것일까요? 결론부터

말씀드리자면 이혼 자체보다는 이혼 과정 혹은 이혼 후에 발생하는 불안정성이 아이에게 해로운 영향을 끼치는 것이라고 볼 수 있습니다.

아이의 건강한 발달에 가장 중요한 것은 예측 가능한 생활입니다. 아이들은 삶의 많은 부분을 성인에게 의존할 수밖에 없기 때문에 가까운 어른, 특히 아이와 함께 살고 있는 어른의 심리 상태가 아이에게 큰 영향을 끼칩니다. 부모가 큰 스트레스 없이 편안한 삶을 살아간다면 자연스럽게 아이에게도 안정적인 환경이 조성되겠지요. 반면 부모가 스트레스에 허덕이고 있으면 아이를 제대로 돌볼 여유가 없을 거예요. 때로는 부모의 스트레스를 아이에게 전가하는 일까지 벌어질 수도 있습니다.

이혼은 부모의 정서적 상태에 직접적인 타격을 줍니다. 이혼 전에는 바람직한 양육 태도를 지녔던 부모도 이혼 중이나 이혼 후에는 태도가 변하기 쉽습니다. 그만큼 극심한 스트레스를 겪는다는 뜻이지요. 잘 지내다가 하루아침에 이혼하는 부부는 별로 없습니다. 대개는 이혼을 결심하기까지 1~2년 이상 갈등 상황이 지속된 경우가 많아요. 이 기간 동안 아이를 방치하거나 부정적으로 대할 가능성이 상당히 크다고 할 수 있습니다. 이혼 후에 양육을 맡은 부모가 감당해야 하는 현실적·정신적 스트레스 또한 양육을 어렵게 만듭니다.

부모의 이혼이라는 사건 자체보다는 그로 인해 불안정한 양육

환경에 놓이는 것이 아이들에게 더욱 문제가 됩니다. 이혼을 결정한 부모의 마음 또한 무척 힘들겠지만, 그럴수록 아이들 마음을 좀 더 살펴주세요.

우선 이혼 과정에서 아이에게 어디까지 말해줘야 할까 고민하는 부모가 많습니다. 이혼 사유를 너무 구체적으로 말할 필요는 없습니다. 친구와도 뜻이 맞지 않아 헤어지는 것처럼 부모도 그럴 수 있음을 이야기해주세요.

아이의 감정도 충분히 헤아려주어야겠죠. 아이들은 부모의 이혼 이야기를 들으면 자신은 어떻게 되는지 걱정을 해요. 엄마 아빠는 더 이상 '여보 당신'은 아니지만 아이에게는 영원히 엄마 아빠로 남아 있을 것이며 끝까지 돌봐줄 것이라고 말해주세요.

연령에 따라 이혼에 대한 반응은 다른데요, 유아기의 아이라면 "네 잘못이 아니다"라는 점을 잘 설명해주어야 합니다. 요즘은 이혼에 관해 어린아이들이 읽을 만한 동화책들이 있어요. 아이와 같이 그러한 책을 읽고 이혼에 대해 말해주면 도움이 될 거예요.

이혼 후에는 아이의 적응을 돕기 위해서는 환경변화를 줄여주는 게 좋아요. 이사, 전학 등은 아이에게 또 다른 스트레스를 줄 수 있기 때문에 꼭 그래야 할 사정이 없다면 변화를 최소화하는 것이 좋습니다.

또한 아이가 이혼과 이혼에 대한 감정 등을 부모와 언제든지 나눌 수 있도록 해야 합니다. 아이에게 이혼한 사실에 대해 친구들에게 말하지 말라고 하면 아이들은 이혼은 잘못된 것, 나쁜 것, 숨겨야 하는 것으로 생각해 심리적으로 크기 위축되며, 이혼에 따른 자신의 불안한 감정이나 생각을 아무와도 나눌 수 없게 됩니다.

이혼은 죄가 아니며 삶에 있어서 또 다른 선택입니다. 부모가 이혼에 대한 이야기가 나올 때마다 너무 감정적으로 흥분하며 상대 배우자 탓을 하거나, 아이가 상대 부모를 만나고 온 후에 꼬치꼬치 캐묻거나 하는 식의 태도를 보이지 않는 것도 중요합니다. 아이를 전 배우자의 상황을 살피는 첩자로 사용해서도 안 됩니다.

이혼 후에도 안정적인 양육 환경이 주어진다면 아이들은 차츰 상처를 회복하며 심리적인 건강을 되찾을 수 있을 것입니다. ♥

너무 예민해서 자주 짜증을 내요

• • •

아이가 무척 예민합니다. 별일 아니어도 짜증을 심하게 내요.
저는 나름대로 열심히 육아서를 읽고 실천하려 애씁니다. 그런데도
아이가 행복해 보이지 않아요. 제가 뭔가를 잘못하고 있는 걸까요?

짜증을 자주 내는 아이들이 있어요. 울 때도 점점 소리가 커지는
게 아니라 처음부터 자지러지게 우는 아이들이 있지요. 같은 사건이
나 상황에도 유독 강하게 반응하는 아이를 키우게 되면 부모는 육아
에 자신감이 떨어질 수 있습니다. '내가 아이를 잘못 키우나?', '나 때
문에 아이가 날카로워진 걸까?'라는 죄책감에 시달리는 분들을 보기
도 합니다.

부모의 성향 때문에 감정표현을 강하게 하는 아이들도 있긴 합
니다. 부모가 다소 둔감한 성격이라면 그렇게 해야만 자신을 들여
다보니까요. 하지만 아이의 기질은 대부분 타고난 거예요. 예민하고

격한 표현을 하는 아이들은 그런 기질을 갖고 있는 거지요.

기질이란 타고난 성질을 말합니다. 별것 아닌 일에도 쉽게 짜증을 내고 크게 우는 아이들은 반응의 강도와 긍정적 정서라는 두 가지 요소에서 또래와 차이가 있다고 할 수 있어요. 반응의 강도가 높으면 같은 상황에서 같은 경험을 하더라도 다른 아이들에 비해 강하게 반응합니다. 즐거울 때는 더 많이 웃고, 힘들 때는 더욱 크게 좌절하거나 분노하는 거지요. 즐거움이나 만족감 같은 긍정적인 정서를 느끼고 표현하는 일이 적은 기질적 특성을 가진 경우도 많아요.

이렇게 쉽게 기분이 상하고, 상한 기분을 크게 표현하는 기질을 가진 아이는 일부러 부모를 괴롭힐 생각으로 울거나 떼를 부리는 것이 아닙니다. 타고난 성향일 뿐이에요. 그렇기 때문에 아이를 비난하거나 처벌하는 것은 좋지 않습니다. 부모가 보기엔 별거 아닌 일로 왜 저러나 싶겠지만, 아이는 민감하게 받아들일 수 있다는 점을 이해해야 해요.

아이의 부풀려진 감정과 싸우지 말고 아이의 감정을 상황에 맞는 정도로 표현해주세요. 짜증이 심한 아이를 똑같이 짜증으로 대하면 안 됩니다. 불난 집에 부채질하는 것과 다름없거든요. 예를 들어 문턱에 발가락을 살짝 부딪친 아이가 "아악!" 하고 비명을 지른다면 "아휴, 깜짝이야! 그 정도면 별로 아프지도 않을 텐데, 소란은…"이라고 하는 대신 "발가락 부딪쳤구나. 너무 아프겠다. 그래도 이 정도면 엄마가 호~ 불어주고, 같이 열까지 세고 나면 나을 거야!"라고 말해주는 겁니다. 부모의 반응이 편안해야 아이도 마음을 가라앉힐 수 있어요.

아이의 기질은 부모 탓이 아닙니다. 이 점을 꼭 기억했으면 좋겠어요. 자책감을 갖게 되면 육아가 더욱 버겁게 느껴질 수 있습니다. 아이의 기질을 있는 그대로 인정하고, 그에 따라 알맞은 육아법을 실천한다면 아이는 심리적으로 문제없이 잘 자랄 것입니다. ♥

아이의 틱 장애, 스트레스 때문일까요?

• • •

아이에게 갑자기 틱 장애 증상이 생겼어요. 계속 어깨를 으쓱거립니다. 처음에는 장난치는 줄 알고 혼을 냈는데, 안 그러려고 해도 마음대로 안 된다고 하더군요. 아이는 의식도 못 하고 움직이지만 제 눈에는 아이 어깨만 보입니다. 계속 쳐다보게 되니까 저도 힘들어요. 아이에게 스트레스가 많아서 그런 걸까요?

틱 장애는 결코 드문 질환이 아닙니다. 전체 아동의 10~20퍼센트가 일시적인 틱 증상을 보인다고 알려져 있어요. 열 명 중 한두 명꼴로 있다는 뜻입니다. 돌이 안 된 아기에게서 틱 장애 증상이 발견되었다는 보고도 있지만, 틱이 가장 많이 발병하는 시기는 7세에서 11세 사이입니다. 대부분의 아이가 유치원이나 학교를 다니기 시작하는 나이지요.

이 때문에 많은 부모들이 학교 적응이나 학습, 또는 또래 관계에서 오는 스트레스와 같은 심리적 원인 때문에 틱 장애가 생긴다고 생각합니다. 그래서 유치원을 잠깐 쉬게 하거나 체험학습 신청서를 내고 여행을 다녀오기도 해요. 그렇게 놀다 보면 아이의 틱 증상이 사라지는 경우도 종종 있습니다. 그런데 다시 유치원에 다니고 학교에 가기 시작하면 또 증상이 시작되니, 부모 입장에서는 홈스쿨링을 해야 하나, 대안학교에 보내야 하나 걱정에 휩싸일 수밖에 없습니다.

정말 심리적 원인으로 틱 장애가 생기는 걸까요? 한때는 이런 견해가 보편적이었지만 현재는 그렇지 않습니다. 틱 장애는 생물학적 질환이라는 것이 정설로 받아들여지고 있는 것이지요. 틱은 유전적인 요소가 많은 질환입니다. 부모가 어릴 때 틱 증상을 보였다면 자녀도 그럴 가능성이 커요. 일란성 쌍둥이의 경우, 94~100퍼센트 정도로 병의 일치율이 매우 높습니다. 신경학적으로는 뇌의 피질 또는 운동을 계획하는 영역이 적절하게 활동하지 못하면 틱이 발생하기 쉽다고 합니다. 그 외 몇몇 호르몬이나 신경 전달 물질도 관련이 있다는 보고가 있습니다.

그렇다면 심리적 스트레스는 틱 증상과 전혀 상관이 없느냐 하면, 그건 아닙니다. 학교에서 야단을 맞거나 시험을 앞둔 상황에서 틱이 심해지는 아이들을 종종 볼 수 있어요. 엄밀히 말하자면 틱은 신경생물학적 요인으로 발생하지만, 이러한 소인을 가진 사람이 심리적 스트레스를 받게 되면 증상이 촉발되거나 악화될 수 있다는 것이지요. 스트레스로 인한 정서 변화에 따라서 틱 증상이 심해지거나 잠재되어 있던 틱이 나타나게 된다고 이해하면 될 것 같습니다.

스트레스 증상은 개인의 취약한 부분에서 터져 나오게 되어 있어요. 스트레스가 심할 때 장이 안 좋은 사람은 과민성 대장증후군 증상을 보이고, 혈액순환이 좋지 않은 사람은 두통이 생깁니다. 면역 체계가 좋지 않은 사람은 감기에 걸리거나 알러지 반응을 일으킬 수도 있어요. 스트레스가 틱의 직접적인 원인은 아니지만, 증상 완화를 위해서는 스트레스 관리가 반드시 필요하다는 뜻입니다. 스트레스만 잘 관리한다면 틱의 발현이나 악화를 막을 수 있기 때문이지요.

어린아이들은 스트레스를 스스로 관리하기가 어려워요. 스트레스 관리는 나이가 들고 경험도 쌓여야 가능한 일입니다. 그때까지는 부모를 비롯한 어른들이 옆에서 지도하고 돌봐줘야 합니다. 틱 증상이 나타날 때 아이를 꾸짖거나 벌하는 행동은 금물이에요. 앞서 이야기한 것처럼 틱은 아이도 어찌할 수 없는 신경생물학적 문제이기 때문에 야단을 친다고 해서 고칠 수 있는 것이 아닙니다. 오히려 스트레스가 심해져서 증상이 악화되기만 하겠지요.

아이를 위해 주변 사람들이 할 수 있는 가장 좋은 행동은 틱 증상을 무시하고 거기에 관심을 기울이지 않는 것입니다. 부모 마음은 답답할 거예요. 증상이 계속되면 어쩌나 걱정되기도 할 것입니다. 다행히 틱 장애는 자연 치유율이 꽤 높은 편입니다. 일상생활이 어려울

만큼 증상이 심각하고 만성화되었다면 약물치료를 고려해야 할 수도 있지만, 약 85퍼센트는 별다른 치료를 받지 않아도 성인이 되면서 증상이 현저히 감소합니다.

아이의 틱 증상에 연연하기보다는 아이가 스트레스에 대처하는 힘을 기를 수 있도록 도와주세요. 어린아이에게는 자신의 미숙한 자아를 보완해주는 부모와의 관계가 결국 틱을 극복해낼 수 있는 가장 좋은 자원이 됩니다. ♥

시도 때도 없이 울어요

• • •

아이가 눈물이 너무 많아요. 아주 사소한 일에도 눈물을 쏟아서
어찌해야 할지 모르겠습니다. 혼내기도 힘들어요. 혼내는 시늉만 해도
엉엉 웁니다. 처음에는 안쓰러웠지만 이젠 일부러 그러나 싶은 생각까지
들어요. 무슨 일만 생기면 울어버리는 아이의 심리는 무엇일까요?

마음이 약한 아이들이 있어요. 부모가 야단을 치지도 않았는데
부모의 표정이 조금만 심각해져도 눈물을 쏟는다거나, 자신이 잘못
한 일을 말하면서 감정에 복받쳐 울기도 합니다. 이런 아이들은 정서
적 감수성이 매우 높아요. 예민하고 겁이 많은 성향이라고 할 수 있
지요.

사람이 상황을 받아들이는 방식은 크게 감정형과 사고형으로 나
눌 수 있습니다. 사고형은 자신의 감정을 억누르고 논리에 근거해서
생각을 정리합니다. '이게 이렇게 된 거고, 저게 저렇게 된 거구나'라
는 식입니다. 반면 감정형은 '큰일 났다! 어떡해!' 하면서 먼저 감정

적으로 반응합니다. 툭하면 우는 아이들이 여기에 속하겠지요.

감정형 아이들을 대할 때는 그 감정을 너무 자극하면 안 돼요. 아이가 별일도 아닌데 울면 부모도 "왜 울어?" 하면서 짜증 조로 반응하게 되는데, 이런 반응이 아이의 감정을 더욱 자극해서 더 큰 울음으로 이어지게 됩니다. 아이가 너무 쉽게, 그리고 자주 우는 것이 마음에 들지 않더라도 우선 아이의 가슴속에 가득 찬 감정의 물꼬를 터주겠다는 생각으로 다가가보세요. 비난과 지적 대신 편안한 목소리로 아이의 감정을 대신 말해주는 겁니다.

"이러저러해서 속상했구나. 그래서 눈물이 나왔나 보네."

자신의 마음을 헤아려주는 말을 듣게 되면 아이도 감정을 조금씩 추스르게 됩니다. 이렇게 감정이 정리돼야 아이도 자신이 처한 상황을 좀 더 객관적으로 바라보고 논리적인 사고를 시작할 수 있어요. 아이가 울음을 멈추면 울음을 멈춘 것에 대해서도 칭찬해주세요. 그런 다음 아이에게 해야 할 말을 간단하면서도 명료하게 전달하면 됩니다.

아이가 우는 것에 집중하기보다 그 감정에 집중해서 먼저 이를 헤아려주고 진정할 수 있는 시간을 주는 것. 그리고 아이가 울지 않고 말할 때 듬뿍 관심을 보이며 경청하는 것. 이것이 바로 아이가 우는 습관을 바꿀 수 있게 해주는 가장 좋은 방법입니다. ❤

반려동물의 죽음을 아이한테
어떻게 말해야 할까요?

• • •

제가 결혼하기 전부터 키웠던 고양이가 무지개다리를 건넜습니다.
아이는 아직 어려서 죽음에 대해 정확히 인지하지 못하는 것 같습니다.
더 이상 볼 수 없다고 해도 자꾸 찾아요. 아이에게 어떻게 말해야
할까요? 죽음에 대해 잘 모르는데 굳이 설명을 해주는 게 맞을까요?
아이도 아이지만 저도 너무 힘들어요. 어떻게 해야 할지 모르겠어요.

만 5세 이전의 아이들은 죽음을 '눈앞에서 사라지는 것' 또는 '헤어지는 것'이라고 생각합니다. 죽음이란 되돌릴 수 없는 최종 도착점이라는 사실을 모르기 때문에 반려동물이 다시 돌아올 수 있다고 믿기도 해요. 그래서 죽었다고 이야기해줘도 시간이 지나면 "강아지 왜 안 와? 다시 데려와!" 같은 말을 합니다.

아이가 죽음에 대해 잘 모른다고 해서 얼렁뚱땅 넘어가는 것은 좋지 않아요. "알았어!", "다음에 데려올게" 하면서 임기응변으로 대응하고 약속을 미루면 아이는 사랑하는 반려동물과의 만남을 부모가 막는다고 생각할 수 있어요. 그러면 부모를 원망하게 되겠지요.

또한 너무 막연한 설명은 아이의 궁금증이나 의구심을 계속 불러일으키기 때문에 아이가 이해할 수 있는 수준으로 말해줘야 합니다. 어떻게 말해줘야 할지 난감하다면 죽음과 관련된 동화책을 읽어주는 것도 좋습니다.

아이가 속상해하면 충분히 공감해주세요. 아이의 발달 수준에 따라 '영혼'에 대한 이야기를 해줄 수도 있습니다. 물론 영혼에 대해서는 사람마다 생각이 다를 거예요. 어떤 사람은 천국이나 극락, 환생을 믿지만, 어떤 사람들은 '죽으면 그만이다'라고 생각하지요. 그런데 사랑하는 존재를 잃은 지 얼마 되지 않은 사람에게 그런 생각은 도움이 되지 않습니다. 종교적인 신념과 상관없이 사랑하는 존재가 어딘가에서 행복하게 지내고 있다는 생각을 하면 마음의 위안을 얻을 수 있어요.

아이와 함께 반려동물과의 추억을 떠올릴 수 있는 물건이나 사진을 모아보는 것도 좋습니다. 반려동물이 보고 싶을 때면 그것들을 꺼내 보면서 즐거웠던 시간에 대해 이야기를 나누는 거예요. 더 이상 보지 못한다는 사실에 슬프기도 하지만, 지난날을 떠올리며 미소 짓게 되기도 하겠지요. 반려동물에게 보내는 편지를 쓰고 장례식장에서 읽어주기, 아이의 물건 하나를 골라 반려동물 유골함에 넣어두기, 반려동물의 사진을 이용해 콜라주 작품이나 이야기책 만들기, '우리

○○이는 지금 뭘 하고 있을까?' 상상해보거나 그림으로 표현해보기, 식물에 반려동물의 이름을 지어주고 반려동물이 생각날 때마다 식물과 이야기 나누기 등등 아이와 함께 반려동물을 애도할 수 있는 방법은 여러 가지가 있습니다.

아이가 6개월 이상 우울해하고 또래관계나 학업에서 어려움을 보인다면 상담을 받아보는 것도 고려해야 합니다. 만일 아이에게 친한 친구가 있거나 몰두할 수 있는 놀이 혹은 관심사가 있다면 좀 더 빨리 슬픔에서 벗어날 수 있을 거예요.

사실 펫로스 증후군은 아이보다 어른이 더 심하게 겪는 편입니다. 대부분의 반려동물은 철없고 장난기 많은 아이보다 자신의 욕구를 민감하게 살펴주는 어른을 더 따르기 마련이에요. 성인은 반려동물과 깊은 유대감을 갖게 되고, 그런 만큼 반려동물이 죽은 뒤에도 큰 상실감과 우울을 느낍니다.

그렇지만 아이를 위로하는 과정에서 부모가 먼저 흔들리고 힘들어하는 모습을 보이면 아이는 더욱 당황스럽고 불안할 거예요. 특히 아무 말도 없이 울적해하는 것은 좋지 않습니다. 괜찮은 척을 하라는 뜻은 아니에요. 아이의 슬픔도, 엄마의 슬픔도 빨리 없애려고 애쓸 필요는 없습니다. 감정은 숨기는 대신 함께 나누고 공감해야 합니다. 어른 역시 펫로스 증상이 너무 심하다면 전문가의 도움을 받는 것이 좋아요.

 '시간이 약'이라는 말은 진리입니다. 사랑하는 존재를 잃은 상실감은 어느 정도 시간이 흘러야 치유가 됩니다. 아이의 상처도, 엄마의 상처도 조금씩 아물 거예요. 어떤 아이들은 반려동물을 잊고 즐겁게 지내는 자신의 모습을 발견할 때 미안함과 죄책감을 느끼기도 합니다. 아이에게 그럴 필요가 없다고 말해주세요. 곁에 없는 반려동물 또한 아이가 행복하게 지내고 있기를 바랄 것이라는 이야기도 꼭 해주기를 바랍니다. 이런 말들은 아이뿐 아니라 스스로를 위해서도 필요합니다. 🖤

아이한테 부모의 죽음에 대해
솔직하게 말해줘도 될까요?

• • •

> 초등학생 4학년인 아들이 있습니다. 아내는 아이가 일곱 살 때 스스로
> 목숨을 끊었어요. 아이에게는 엄마가 화장실에서 다쳐 하늘나라로
> 갔다고 설명해주었고, 아이는 장례식에 참석하지 않았습니다. 언젠가는
> 아이에게 엄마의 죽음에 대해서 솔직히 말해줘야 할 텐데 언제, 어떻게
> 말해줘야 할지 전혀 모르겠습니다. 용기 내어 여쭤봅니다.

죽음은 결코 편안한 주제가 아닙니다. 하지만 모두가 꼭 알아야 할 일이기도 하지요. 여기서 우리가 다뤄야 할 내용은 크게 두 가지입니다. 첫 번째는 비밀, 두 번째는 죽음에 대해 말하는 것입니다.

자살에 대한 사회적 인식이 그리 곱지 않은 것은 사실입니다. 자살한 사람은 유약한 존재로, 그리고 그들의 가족은 무심한 존재로 쉽게 평가하기도 하지요. 남겨진 가족들은 슬픔뿐 아니라 스스로에 대한 수치심, 죄책감에도 시달리기 쉽습니다. 그 일을 아이에게 알리는 것 또한 몹시 꺼려질 거예요. 어른도 쉽게 받아들이기 어려운 사실을 어린아이가 어떻게 받아들일 수 있을까 염려될 뿐 아니라 부모 자신

의 두려움과 혼란 때문에라도 비밀로 묻어두고 싶을 것입니다.

　만일 아이가 죽을 때까지 비밀을 유지할 수 있다면 그렇게 해도 되겠지요. 하지만 제 경험으로는 가족 간에 영원한 비밀이란 없는 것 같습니다. 언젠가는 아이 또한 가족이 숨기고 싶어 했던 비밀을 알게 되는 날이 옵니다. 아이가 다 자란 뒤에 비밀을 알게 되었다고 해서 그 상처가 작다고는 말할 수 없습니다. 대개 가족의 비밀은 우연한 기회에 남을 통해 알게 되는데요, 이때 아이는 크나큰 배신감을 느끼게 됩니다. 가장 가까워야 할 가족이 오랫동안 자신을 속였다는 사실은 아이로 하여금 자신이 가족에게 별게 아닌 존재라는 느낌을 줍니다. 아이는 가장 믿어야 할 가족을 더 이상 신뢰할 수 없다는 혼란감에 빠지게 되지요.

　자살이나 타살처럼 자연사가 아닌 죽음은 아이가 받아들이기 더욱 어렵고 그만큼 회복이 더딘 것도 사실입니다. 하지만 여러 연구에 따르면 비록 어린아이라 할지라도 죽음의 이유를 아는 것이 이후 생활에 적응하는 데 더욱 도움이 된다고 합니다. 그 순간은 두렵고 화가 나고 혼란스럽기도 할 테지만, 매도 먼저 맞는 게 나은 것처럼 애도 과정을 잘 헤쳐 나가 수용의 단계에 이르게 되는 것이 아이의 남은 삶을 좀 더 편안하게 해줄 수 있다는 것입니다.

　그러니 좀 더 용기를 내서 아이에게 사실을 말해주었으면 합니다. 사춘기가 본격적으로 시작되지 않은 만큼 시기적으로도 지금이 좋을 것 같습니다. 사춘기가 한창일 때는 감정 반응이나 행동 반응이 매우 강해지기 때문에 아이도, 아빠도 참 힘들 겁니다.

아이와 자연스럽게 엄마에 대해 이야기를 나누는 기회를 만들어보세요. 엄마의 무덤이나 납골당을 찾는다든지 엄마의 사진을 보며 추억을 나누는 것도 좋습니다. 사별을 다룬 동화책을 읽도록 권해보는 것도 좋은 방법이에요. 아이에게는 솔직해야 합니다. "사실대로 말하지 못한 게 있다"라고 말을 시작하는 것입니다. 초등학교 4학년이면 죽음에는 다양한 원인이 있음을 이해할 수 있습니다. 우울이나 절망, 강한 스트레스 역시 사람을 죽음에 이르게 할 수 있다는 사실도 충분히 알고 있지요.

이 사연만으로는 아이의 엄마가 어떤 스트레스로 인해 죽음을 선택했는지 알 수 없지만, 아빠는 알고 있을 것입니다. 시시콜콜한 것까지 아이에게 말해줄 필요는 없어요. 그래도 아이의 엄마에게 우울이나 다른 심리적인 문제가 있었다면 그러한 점들이 엄마를 매우 힘들게 했고 자살에 이르게 했음을 말해주세요. 아이는 그 일에 관련해서 물어보거나, 아무런 말도 하지 못한 채 며칠이나 몇 주가 지난 뒤에야 질문을 할 수도 있습니다. 언제든 엄마와 관련된 이야기를 하고 싶다면 해도 된다고, 아빠가 알고 있는 것에 대해서는 솔직히 말할 것이라고 아이에게 말해줘야 합니다.

아빠도 그동안 여러 가지 감정을 느꼈을 것입니다. 두려움, 죄책감, 원망이나 분노 등을 느꼈다면 아이에게 말해도 좋아요. 어떻게 그러한 감정들을 극복했는지도 알려주세요. 다만 이 과정이 마치 아이에게 변명하는 것처럼, 그리고 아이에게 위로를 받기 위한 것처럼 느껴지지 않도록 조심해야 합니다. 아이가 음악, 영화, 이야기 속에서 자신의 감정을 표현하고 다루는 것을 배울 수도 있는 만큼 이런 매체를 접할 수 있게 도와주는 것도 좋은 방법이에요. 자신의 감정을 표현하고 나눌 수 있을 때 아이는 비로소 자유로워지며, 엄마의 죽음을 받아들일 수 있게 될 것입니다.

만일 아이가 악몽이나 불면증에 시달리는 등 지나치게 예민해지고 집중력 저하가 뚜렷하게 나타난다면 지체 없이 전문적인 상담을 받을 것을 권합니다. 부모나 형제자매를 잃었을 때 나타나는 사별 반응은 극복하기가 쉽지 않습니다. 그 죽음이 자살이나 타살일 때 후유증이 좀 더 심한 것도 사실이에요. 엄마의 죽음에 대해 새로운 사실을 알게 되면 아이는 분명 한동안 힘들어할 것입니다. 하지만 결국 아이 스스로 극복해나가야 하는 일이기도 합니다. 비 온 뒤에 땅이 굳어지듯 아이도 아픈 만큼 더욱 단단해지고 성숙해질 거예요. 아빠와 아이가 함께 힘든 시간을 헤쳐 나갈 수 있기를 간절히 바라봅니다. 🖤

어떻게 해야 아이 자존감을
키워줄 수 있나요?

• • •

> 욕심도 많고 재주도 많은 아이를 키우고 있어요.
> 아이가 무엇이든 해낼 때마다 저희 부부는 아낌없이 칭찬해주는
> 편입니다. 그런데 아이는 자존감이 그다지 높아 보이지 않아요.
> 어떻게 해야 아이의 자존감을 높여줄 수 있을까요?

자존감은 가치, 능력, 통제의 세 가지 차원으로 이루어져 있습니다. 가치란 자신의 존재를 가치 있게 여기고 좋아하는 마음입니다. 능력은 자신에게 주어진 과제를 완수하고 목표를 성취할 수 있다는 신념이지요. 마지막으로 통제는 자신이 주변 상황에 영향을 미치며, 그 상황을 통제할 수 있다고 믿는 마음입니다. 자신의 가치와 능력, 통제력을 긍정적으로 판단하는 사람은 자존감이 높다고 할 수 있어요. 반대로 자신에 대한 평가가 대체로 나쁜 사람들은 자존감이 낮다고 할 수 있겠지요.

아이의 자존감에 가장 큰 영향을 미치는 것은 매일 만나는 사람

들, 그중에서도 아이에게 의미 있는 사람들의 평가입니다. 따라서 아이를 가치 있는 존재로 대하고 존중하며, 긍정적으로 평가해주면 아이의 자존감이 높아집니다. 칭찬 역시 자존감을 높이는 데 도움이 됩니다. 하지만 잘못된 칭찬은 오히려 아이의 불안감을 키울 수도 있어요.

밑도 끝도 없이 무조건 잘했다고 하는 것은 좋지 않아요. 영혼 없는 피상적인 칭찬은 아이도 진실한 평가라고 여기지 않습니다. 또한 "일등이구나!", "네가 최고로 잘했어!", "완벽해!"와 같은 결과 위주의 칭찬은 아이로 하여금 실패에 대한 두려움을 불러일으키는 결과를 초래하기도 합니다. 생각보다 좋지 않은 결과가 나왔을 때 엄마 아빠에게 칭찬받지 못할까 봐 걱정하거나 스스로에게 지나치게 실망할 수도 있어요.

아이의 자존감을 높이기 위해서는 진정으로 아이에게 관심을 갖고, 아이가 하는 말에 귀를 기울여야 합니다. 아이가 무엇을 해낼 때마다 칭찬하기보다는 아이라는 존재 자체가 얼마나 의미 있고 가치 있는지 표현해주세요. 결과보다는 과정, 아이의 노력과 의도에 대해 칭찬하고 격려해주는 연습을 해보는 게 어떨까요? 🖤

우리 아이는 어떤 기질을 타고났을까요?

제가 대학을 다니던 1980년대만 하더라도 교육학이나 교육철학 시험에 종종 나오던 문제가 존 로크의 백지설이었어요. 라틴어로 타블라 로사(tabula rosa)라고 하는데, 타블라 로사는 '아무것도 적혀 있지 않은 백지'라는 뜻을 가지고 있습니다. 존 로크의 백지설은 말 그대로 인간은 하얀 백지와 같은 상태로 태어나며, 주변과의 상호작용을 통해 이 백지를 조금씩 채워나가면서 자기 색깔을 만들어간다는 것입니다. 그야말로 환경의 중요성을 엄청나게 강조한 것이지요.

하지만 현대 심리학과 교육학에서는 더 이상 타블라 로사를 주장하지 않습니다. 아기를 낳고 키워본 부모라면 아기가 자기 나름의 독특한 성격을 가지고 있다는 사실을 알 거예요. 부모가 아니더라도 병원의 신생아실이나 산후조리원에서 근무하는 사람들은 이 점을 잘 알고 있습니다. 어떤 아기들은 조금만 불편하면 얼굴이 새빨개질 정도로 울고 작은 소리에도 뒤척이는데, 또 어떤 아기들은 기저귀가 축축하거나 옆에서 떠들어도 쿨쿨 잘 자니까요. 부모와 제대로 만나기도 전에 보이는 이러한 행동 특성들은 환경에 영향을 받았다고 보기 어렵습니다. 그야말로 타고난 것이라고 할 수 있어요. 이처럼 아기들이 보이는 행동 특성들을 일컬어 기질이라고 부릅니다.

기질은 타고난 것이며 유전의 영향을 많이 받는 것으로 알려져 있습니다. 육아 공부에서 기질은 반드시 알아야 할 것 중에 하나예요. 기질은 태어나면서부터 바로 즉시 양육자와의 상호작용에 영향을 미칩니다. 우리가 그토록 중요하다고 강조하는 애착도 기질의 영향을 상당 부분 받습니다. 아무래도 까다롭거나 자극에 반응이 너무 약한 아이와는 애착을 형성하는 데 어려움이 있는 편이지요. 때문에 어떤 학자는 부모의 민감성이 안정 애착을 결정하는 가장 중요한 요소이지만, 만일 애착이 불안정하다면 그 유형을 결정하는 것은 아이의 기질이라고 주장하기도 했습니다.

기질에 대해 사람들이 가장 많이 알고 있는 것은 '순한', '까다로운' 그리고 '느린'으로 알려진 세 가지 기질 유형입니다. 이는 기질을 구성하는 여섯 가지 요소가 어떻게 조합되어 있느냐에 따라 분류한 것이지요. 그렇다면 기질을 구성하는 여섯 가지 요소는 무엇일까요?

1. **두려움**: 두려움은 낯선 상황이나 자극에 대해서 아이가 긴장하고 위축되며 공포 반응을 보이는 것을 뜻해요. 쉽게 말해 새로운 것에 적응하는 데 어려움을 가진 것이라고 보면 됩니다.
2. **자극 민감성**: 소망이나 욕구가 좌절됐을 때 울고 괴로워하며 떼쓰고 짜증을 부리는 것을 뜻하지요. "안 돼"라고 제한하면 분노 반응을 보이는 성질 또한 이에 해당이 됩니다. 우리가 일반적으로 까다롭다고

하는 게 바로 자극 민감성이에요.

3. **긍정적 정서**: 잘 웃고, 미소 짓고, 사람들에게 다가가려고 하며 사람들과 협력하려는 의지를 나타내는 것이지요. 그래서 연구자들은 긍정적 정서를 사회성이라고도 부릅니다.

4. **활동 수준**: 발차기, 뛰어다니기와 같은 대근육 활동의 양을 말합니다.

5. **주의 집중 시간 및 지속성**: 아이가 흥미로운 대상이나 사건에 얼마나 주의를 기울이는지 보는 거예요. 예를 들어 장난감을 오래 쳐다보는 것은 주의 집중 시간이 긴 것이고, 퍼즐이나 블록을 오랫동안 하는 것은 주의 지속성이 높은 것입니다.

6. **규칙성**: 섭식, 수면, 배변과 같은 신체적 기능들이 얼마나 규칙적으로 이루어지는지, 즉 예측 가능한지를 뜻합니다.

먼저 순한 기질의 아이에 대해서 알아볼까요? 순한 기질의 아이는 여섯 가지 요소에서 전체적으로 무난한 패턴을 보입니다. 대체적으로 잘 웃고, 낯선 상황에도 어렵지 않게 적응하며, 먹고 자고 싸는 것도 규칙적이지요. 이런 기질은 전체 아동의 약 40퍼센트를 차지해요. 이런 아이들을 자녀로 둔 부모들에게 저는 전생에 나라를 구한 분들이라고 우스갯소리를 하고는 합니다. 양육의 난이도가 상대적으로 높지 않거든요.

순한 아이들은 환경에 순응적이라서 고집을 많이 부리지 않고 부모가 이끄는 대로 잘 따라와줍니다. 울고 보챌 때도 안아주거나 얼러주면 금방 그치는 편이에요. 어린이집이나 유치원에도 비교적 빨리 적응해요. 부모 입장에서도 유능감이 높아질 수밖에 없어요.

물론 순한 아이들에게도 약점은 있습니다. 가령 마트에 장난감을 사러 갔을 때 자기가 사고 싶은 게 있어도 엄마가 "그것보단 이 퍼즐이 더 좋은 것 같은데? 퍼즐 게임을 하면 머리도 좋아져. 너도 머리 좋아지고 싶지? 엄만 이게 좋을 것 같아"라고 이야기하면 자신의 욕구를 접고 엄마의 욕구를 따라가게 됩니다. 정말 착한 아이지요. 하지만 이런 일이 반복되면 아이는 울적해질 수 있어요.

아이가 어른의 말을 잘 따르고 잘 참는다고 해서 아이에게 자신만의 욕구나 불만이 없다고 생각하면 안 됩니다. 순한 아이가 의견을 내거나 자기주장을 할 때, 고집을 부릴 때는 분명 어떤 이유가 있을 것입니다. 설령 아이의 의견이 부모와 다르더라도 한번쯤은 아이의 의견을 경청하는 자세가 필요합니다. 만일 아이의 생각에 오해나 틀린 점이 있다면 비난하지 말고 친절하게 이야기해주면 됩니다. 순한 기질의 아이들은 기꺼이 상대방의 말을 듣고 따르기 때문에 아이 앞에서 지나치게 흥분하거나 아이를 비난하며 탓할 필요가 없어요.

한 가지 더 주의해야 할 점이 있습니다. 순한 기질의 아이들이 부모의 말을 잘 듣고 협력하는 것을 당연하게 여기지 마세요. 아직 어린아이들이 이렇게 하는 것은 힘든 일이에요. 예를 들어 아이가 엄마의 말대로 동생에게 장난감을 양보한다거나 엄마가 바쁠 때 혼자 놀며 정리정돈을 했다면 꼭 고맙다는 말로 마음을 표현해야 합니다.

느린 기질은 발달이 느린 것이 아니라 반응이 느린 것을 뜻합니다. 전체 아동의 약 15퍼센트가 이에 해당합니다. 여섯 가지 요소를 기준으로 했을 때, 느린 기질을 가진 아이들은 순한 기질 아이들에 비해 다소 까칠한 반응을 나타냅니다. 다만 자극 민감성 부분에서는 표현을 강하지 하지 않고 억누르는 경향이 있어요. 그래서 좋고 싫음이 분명하게 드러나지 않습니다. 싫어도 완곡하게 표현하는 편이에요. 점잖아 보이기도 하지만, 경우에 따라서는 뜨뜻미지근해 보이거나 답답하게 느껴지기도 합니다.

느린 기질의 아이들은 사전에 계획한 활동이나 혹은 이미 경험한 활동은 잘하지만 새로운 활동을 접한 상황에서는 주저합니다. 돌부처처럼 가만히 서 있거나 고개를 숙이고, 딴청을 하는 식으로 반응해서 부모를 애태우지요. 성질 급한 부모는 아이를 재촉하고 윽박지르게 돼요. "그래서 할 거야, 말 거야? 대체 싫다는 거야, 좋다는 거야?"라는 말이 나오는 것입니다. 하지만 느린 기질의 아이들은 적응하는 데 시간이 좀 걸려서 그렇지, 일단 적응하기만 하면 큰 문제를 보이지 않습니다. 조금만 인내심을 갖고 기다려준다면 순한 기질의 아이처럼 잘해낼 수 있을 거예요.

느린 기질의 아이들은 낯선 환경을 접하면 당황해서 얼어붙는 편이에요. 따라서 새로운 곳에 갈 때는 아이가 평소에 잘하거나 즐거워하는 활동, 익숙한 장난감을 준비하면 좋습니다. 부모가 함께 놀아주면 아이의 마음이 편해지면서 보다 빨리 적응할 거예요.

순한 기질의 아이들은 좋고 싫음을 표현하지만, 느린 기질의 아이들은 이러한 표현조차 안 하는 경우가 많기 때문에 아이의 표정이나 행동을 잘 살펴서 마음을 헤아려줘야 합니다. 자신의 감정을 적절한 언어로 표현하는 방법도 많이 알려주세요. 부모가 아이의 본보기가 되면 좋겠지요.

마트의 장난감 코너 이야기를 다시 해볼까요? 느린 기질의 아이는 사고 싶은 장난감을 쳐다만 보고 있을 거예요. "너 뭐해? 빨리 안 와? 그거 사고 싶어서 그러지? 집에 비슷한 거 있잖아" 하고 재촉하기보다는 "마음에 드는 장난감이 있나 보구나. 어떤 게 그렇게 마음에 들었어? 엄마한테도 말해줘"라는 식으로 말을 걸어보세요. 장난감은 꼭 사주지 않아도 괜찮아요. 엄마가 자신의 속내를 알아도 비난하지 않을 거라는 확신을 주세요. 그러면 아이도 점차적으로 자신의 생각을 말할 수 있게 될 테니까요.

아이가 용기를 내서 "엄마, 나 저거 갖고 싶어"라고 말했는데 들어줄 수 없으면 어떻게 해야 할까요? 그냥 솔직하게 엄마의 사정이나 생각을 이야기하면 됩니다. "저 팽이를 갖고 싶었구나. 멋져 보인다. 그런데 오늘은 사주기가 어려울 것 같아. 저게 꽤 비싸서 저걸 사버리면 오늘 사야 할 다른 물건들을 살 수 없거든. 집에 가서 저 팽이를 살 방법을 한번 연구해볼까?"라는 식으로요. 그리고 약속한 대로 집에 돌아가면 이야기를 나눠야 합니다. 명절에 아이가 받은 용돈을 모은다거나 어린이날과 같은 특별한 날에 엄마가 사주는 등 팽이를 사기 위한 방법을 의논하는 것이지요. 느린 기질의 아이들은 겁이 많고 소심한 편이니까 아이를 배려하고 지지하는 분위기로 편안하게 대화하는 것이 중요합니다.

전체 아동의 약 10퍼센트는 까다로운 기질로 분류됩니다. 까다로운 기질을 가진 아이들의 특징은 강한 정서 표현이에요. 웃을 땐 크게, 오래 웃지만 짜증 역시 쉽게 내고 금방 멈추지 않아요. 수면을 비롯한 일과는 대부분 불규칙한 패턴을 보이며, 기분이 좋을 때보다 나쁠 때가 더 많습니다. 새로운 곳에 적응하는 데도 어려움을 보이지요.

육아가 유독 힘들다고 말하는 분들은 대부분 까다로운 기질의 자녀를 두었습니다. 까다로운 기질의 아이들은 고집이 세고 자기주장이 강한 데다가 주의 전환도 잘 안 돼서 야단을 쳐도 잘 꺾이지 않는 것은 물론, 회유를 해도 좀처럼 넘어오지 않아요. 부모도 지쳐서 아이가 하자는 대로 따라가거나 때리고 벌을 줘서 갈등을 끝내는 경우가 많습니다. 이런 방식은 아이의 내성만 키워주는 격이에요. 아이는 더욱 고집이 세지고 부모와 자녀 사이의 갈등은 깊어지기만 합니다.

까다로운 기질의 아이를 키울 때는 마음의 준비를 단단히 해야 합니다. 우선 아이가 보이는 강한 정서 표현에 당황하거나 압도되면 안 돼요. 까다로운 기질의 아이들은 별것 아닌 좌절과 변화에도 매우 지나친 반응을 보이면서 소란을 피우기 때문에 부모도 함께 당황하고 흥분하기 쉽습니다. 자기도 모르게 목소리가 커지고 짜증을 내게 되는 거예요. 실은 이럴 때일수록 마음을 가라앉혀야 합니다. '쟤도 힘들겠구나'라고 생각하면서 잠시 숨을 고르세요.

아이와의 대화는 아이의 감정과 상황을 읽어주는 말로 시작해보세요. "왜 또 그래?", "소리 좀 지르지 말고 말해!"라는 식의 말은 더 큰 소란을 부릅니다. 아이가 피우는 소란에 말려들지 말고 차분하면서도 힘 있는 목소리로 "동생이 장난감을 뺏어서 그렇구나. 그래서 화가 난 거였네"라고 말해보십시오.

시간이 걸리더라도 가정의 규칙이나 일반적인 규범에 따라 문제를 해결해야 합니다. 아이가 떼를 쓰고 소란을 피우면 원하는 것을 얻을 수 있다고 느끼게끔 하면 안 되니까요. 까다로운 아이들은 자기주장이 강하기 때문에 부모가 문제해결 과정에서 일방적으로 명령하고 지시하기보다는 타협하는 시간을 갖는 것도 좋습니다. 단 하나의 해결책을 제시하기보다는 두세 개의 대안을 함께 제시해서 아이가 선택하고 결정하도록 하세요. 아이는 자신이 통제력 있는 사람이라고 느끼면서 훨씬 큰 만족감을 느끼게 될 거예요. 부모의 지시에도 보다 협조적인 태도로 임할 것입니다.

까다로운 기질의 아이들은 새로운 변화에 대한 적응력이 떨어지는 편이니까 변화가 예측된다면 미리 말해주고 연습의 과정을 거치는 것이 필요합니다. 아이가 흥미를 느끼고 집중할 수 있는 놀이는 적응을 돕는 최고의 수단이지요. 까다로운 기질을 가진 아이들에 대해서는 공부해야 할 것이 정말 많습니다. 세상의 육아법 대부분은 이러한 기질의 아이들을 위해 만들어진 것일 수도 있어요.

아이가 어느 쪽에도 속하지 않는다고 느끼는 분도 있을 것입니다. 순한 기질과 까다로운 기질, 느린 기질의 아이를 다 합해도 전체 아동의 65퍼센트 정도예요. 나머지 35퍼센트는 기질 구성 요소의 조합에서 독특한 패턴을 보이는 아이들입니다. 특히 활동 수준과 긍정적인 정서, 규칙성 조합에서 그런 경우가 많지요. 이런 아이들은 까다로운 기질 같다가도 어떤 때는 순한 기질을 가진 것처럼 보입니다. 이런 아이들에 대해 제대로 이해하려면 기질을 구성하는 요소들에 대해서도 공부해보는 것이 좋겠지요.

제 딸아이는 낯선 것에 대한 두려움이 극심하면서도 정서적으로 무척 예민했습니다. 조금만 불편하거나 겁이 나면 울고불고 하면서 팔다리를 버둥대서 안아주기도 힘들었어요. 달래는 데도 시간이 정말 오래 걸렸지요. 어떨 때는 너무 힘들어서 같이 소리를 지르고 싶다는 생각이 들기도 했고, 울든 말든 그냥 내팽개치고 싶다는 생각까지 한 적도 있습니다. 정말 그랬다면 안정적인 애착을 형성하지 못했을 거예요.

다행히 저는 직업의 덕을 좀 봤습니다. 만일 아이들 심리에 대해 공부하지 않았다면, 그리고 많은 아이와 부모를 만나며 함께하는 시간을 갖지 못했다면 참 못된 엄마가 됐을지도 몰라요. 조금 별난 기질을 타고난 아이는 아이에 대한 이해가 부족한 부모를 만나게 되면 타고난 기질이 더욱 별나게 발전할 수도 있어요. 따라서 아이가 가진 기질을 파악하는 것은 아이의 올바른 성격 발달을 돕기 위한 첫 단계라고도 할 수 있습니다.

PART
3

사 회 성

| Questions About |

소통할 줄 아는 아이로 키우고 싶어요

◎ 오늘 있었던 일 _

낯가림이 심해요

• • •

아이가 낯가림이 심해도 너무 심해요. 자주 보는 사람이 아니면
어른이 뭘 물어봐도 대답조차 못 합니다. 중간에서 저도 곤란할 때가
많아요. 어떻게 해야 조금이라도 나아질까요?

기질적으로 새로운 것에 대한 경계심이 강한 아이들이 있어요.
그런 아이들은 낯선 사람이 자신에게 다가오면 놀라서 피하려 합니
다. 가끔 보는 조부모나 친척, 동네 어른에게도 쉽게 다가가지 않아요.

그럴 때 부모는 살짝 난처해지기도 하지요. 아이가 좀 더 우호적
으로 반응하면 좋겠는데, 수줍어하거나 어색해하다 못해 상대방을
싫어하는 듯한 모습을 보이기도 하니까요. 그래서 괜히 아이를 질책
하게 됩니다. "왜 그래? 고모잖아! 고모 몰라?", "예쁘다고 그러시는
건데 얘가 왜 이럴까?"라는 식으로요. 하지만 이런 부모의 반응은 낯
선 사람에 대한 아이의 부정적인 감정을 부채질할 뿐입니다. 아이 입

장에서는 이런 생각을 할 수도 있어요. '아까 엄마랑 단둘이 있었을 땐 편하고 좋았는데, 저 사람이 오니까 엄마가 나한테 짜증을 내네. 이게 다 저 사람 때문이야!'

낯선 사람이 너무 성급하게 아이와 친해지려고 하는 행동이 아이를 불편하게 만들기도 합니다. 아이가 싫어하는데도 불구하고 "괜찮아!" 하면서 억지로 안아보려 한다거나 불쑥 손을 뻗어 머리를 쓰다듬으면 아이는 더 피하려 하겠지요. 경계심이 많은 아이에게는 새로운 환경이나 사람에 어느 정도 적응하는 시간이 필요합니다. 그 시간 동안 낯선 사람이 두려운 존재가 아니라는 것을 느낄 수 있도록 도와줘야 해요.

우선 아이가 낯설어하는 사람에게는 천천히 아이에게 다가가달라고 부탁하세요. 아이에게는 부모가 그 사람과 친근하게 대화하는 모습을 보여주는 것이 좋습니다. 처음에는 잔뜩 긴장했던 아이도 별다른 일이 일어나지 않는다는 사실을 알게 되면 점차 편안함을 느낄 거예요. 낯설어하던 사람과 눈이 마주쳐도 별로 개의치 않게 되지요. 이제 그 사람이 아이와 가볍게 인사를 나눠보게끔 하세요. 아이가 좋아하는 물건이나 장난감을 건네면서 말을 걸게 해보는 것도 좋습니다. 신체적 접촉은 아이의 얼굴과 멀리 떨어진 발이나 옷 정도를 만지는 수준으로 하는 게 좋아요. 가깝지 않은 사람의 손이 갑자기 얼굴 근처로 다가오면 아이가 당황할 수 있으니까요. 이런 식으로 점차 다가가서 아이가 경계심을 풀 수 있도록 해야 합니다. 다 같이 어울려 함께 즐거운 놀이까지 할 수 있게 되면 아이는 더 이상 그 사람에게 낯을 가리지 않게 됩니다.

낯가림이 심한 아이가 낯선 사람과 친해지기란 참 어렵습니다. 어른들도 쉽지 않은 일이잖아요. 그냥 참으라고 하거나 억지로 친근하게 굴기를 요구하는 대신 아이의 마음을 이해해주고 조금만 기다려주세요. 잘할 수 있을 거라고 응원해주세요. 그러면 아이도 조금씩 용기를 낼 수 있을 거예요. 🖤

낯을 너무 안 가리는데 괜찮은 건가요?

• • •

아이가 낯을 전혀 안 가려요. 처음 보는 사람도 너무 잘 따릅니다.
다른 아이들도 모르는 사람에게 먼저 말을 걸고 친근하게 대하나요?
남편은 그냥 붙임성이 좋은 게 아니냐고 하는데, 그냥 그렇게
받아들여도 될지 모르겠어요.

대부분의 부모는 아이가 사교적으로 행동하길 바랍니다. 그런데 어떤 아이들은 염려가 될 만큼 사교성이 좋아요. 특히 6개월에서 만 3세 사이의 아이가 아무에게나 가서 안기고 매달린다면 엄마가 걱정하는 것도 무리는 아닙니다. 이 시기의 아이들은 어느 정도 낯가림을 하는 것이 자연스럽기 때문입니다.

만 3세가 되지 않은 아이들은 애착 대상과 떨어지면 분리불안을 느낍니다. 일면식도 없는 사람에게 아무런 경계심 없이 다가간다거나 때때로 부모보다 더욱 좋아하고 따르는 것은 흔치 않은 모습이에요. 두 돌 정도가 되면 낯선 상황에 대한 두려움을 견뎌내는 능력이

발달하기 시작하지만, 그래도 아이들은 여전히 낯선 사람보다는 익숙한 사람, 그중에서도 자신의 애착 대상에게 우호적인 반응을 보입니다. 특정 대상에게 애착이 형성되면 그렇지 않은 사람들에게는 낯설어하거나 수줍어하는 반응을 보일 수밖에 없지요. 상대를 가리지 않고 따른다는 것은 특정 대상과 애착이 제대로 형성되지 않았다는 의미일 수 있습니다.

일부 아이들은 심한 경우 애착장애 양상을 보입니다. '탈억제성 사회적 유대감 장애'라고 하는데요, 이런 아이들은 낯선 성인에게 과도한 친밀감을 표현하며 거리낌 없이 접근합니다. 심지어 주저하지 않고 따라가기도 하지요. 초기 발달 과정에서 제대로 된 양육을 경험하지 못해 선택적 애착을 형성하지 못한 아이들은 이런 모습을 보일 수 있어요. 양육자가 너무 자주 바뀌었거나 극단적으로 방임한 경우에도 이러한 애착장애를 갖게 될 수 있습니다.

아이에게 부모의 관심만큼 중요한 것은 없습니다. 충분한 관심과 사랑을 받지 못했을 때 아이들은 애정을 구걸하는 존재가 되기 쉬워요. 성인이 된 뒤에도 타인과 건강한 관계를 형성하는 데 어려움을 느낄 가능성이 큽니다. 만약 아이가 부모보다 낯선 사람을 더 따르고, 부모와의 상호작용은 피하고 거부한다면 문제가 있는 것입니다. 또한 아이가 아프거나 다치거나 도움이 필요할 때 부모를 찾지 않고 오히려 다른 사람에게 위안을 구하거나 요청을 하는 경우에도 애착 장애를 의심해봐야 해요. 이런 경우 아이와 함께하는 시간을 늘려 아이가 부모를 더욱 따를 수 있도록 하는 것이 좋습니다.

하지만 그 정도가 과하지 않다면 너무 걱정하지 않아도 됩니다. 그냥 아이의 기질일 수도 있으니까요. 다만 낯선 사람을 대할 때는 주의해야 한다는 사실을 꼭 알려줘야 합니다. 아이의 안전은 물론이고, 타인에 대한 예의 면에서도 중요한 문제이기 때문입니다. 허락 없이 다른 사람에게 너무 가까이 다가간다거나 불쑥 말을 거는 일이 예의에 어긋난다는 점을 가르쳐주세요. ♥

밖에만 나가면 한마디도 안 해요

• • •

> 집에서는 말을 정말 잘하는 아이인데, 밖에 나가기만 하면
> 꿀 먹은 벙어리가 돼요. 친구들이나 선생님이 답답해할 정도로
> 입을 다물어버리니 어떻게 해야 할지 모르겠어요.
> 수줍음이 너무 많은 탓일까요?

집에서는 수다스럽다고 할 정도로 말을 많이 하는 아이가 어린 이집이나 유치원, 학교나 놀이터에서는 입을 꼭 다물어 당황스럽다는 사연을 종종 접합니다. 기질적으로 수줍음이 많고 낯가림이 심한 아이들은 새로운 환경에 적응하는 데 시간이 걸려요. 이사나 전학으로 환경이 바뀌면 일시적으로 입을 다물곤 합니다. 하지만 대개는 한두 달 정도이고, 적응 기간을 거치고 나면 말을 하기 시작하지요.

환경이 적대적이거나 위협적인 경우가 아니라면 자연스럽게 나아집니다. 시간이 해결해준다고 볼 수 있어요. 이런 아이들은 적응성이 다소 부족해요. 다시 말해, 적응하는 데 시간이 걸리는 기질을 갖

고 있는 경우가 대부분입니다. 별다른 나쁜 일이 생기지 않았다면 자연스럽게 시간이 지나면서 적응을 할 테지만, 만일 선생님이 너무 무섭거나 또래에게 공격을 당한다거나 하면 적응하는 데 어려움을 겪게 될 수 있어요.

만약 6개월이 지나고, 1년이 지나도 입도 벙긋하지 않는다면 '선택적 함구증'을 의심해볼 수 있습니다. 선택적 함구증이란 말을 할 수 있는 능력이 있음에도 불구하고 특정 상황에서 말하기를 거부하는 증상입니다. 선택적 함구증이 있는 아이들은 대부분 기질적으로 불안 수준이 높은 편이에요. 낯선 사람을 만나거나 낯선 상황에 처하게 되면 긴장을 많이 하는데, 높은 불안감과 긴장 수준이 입을 다무는 현상으로 이어졌을 가능성이 큽니다.

어떤 아이들은 말만 하지 않을 뿐 다른 활동은 적극적으로 참여하기도 해요. 이런 경우는 말을 하는 것과 관련된 스트레스 사건을 겪었을 가능성이 있고, 그로 인해 입을 다물게 되었다고 볼 수 있습니다. 아이가 부모와 지나치게 밀착되어 있을 때도 선택적 함구증이 나타날 수 있다고 합니다. 부모가 마치 입안의 혀처럼 아이가 해야 할 말을 대신 해주거나 지나치게 과보호하면 아이는 모든 것을 부모에게 의존하고 타인과 소통하지 않는 모습을 보일 수 있다는 것입니다.

선택적 함구증은 초기에 발견해서 치료하면 효과가 좋은 편이에요. 증상의 시작은 이렇습니다. 밖에 나가서 말을 걸었을 때 아이가 소리를 내는 대신 몸짓으로 표현하거나 딴청을 하는 거예요. 혹시 아이가 이런 모습을 보인다면 주의를 기울여야 합니다. 두 달 이상 증상이 지속되면 전문기관의 도움을 받아볼 것을 권합니다.

아이가 계속 말을 안 하면 어쩌나 걱정할 필요는 없습니다. 선택적 함구증은 발성기관의 문제로 인한 것이 아니기 때문에 결국은 말을 하게 됩니다. 하지만 입을 다무는 기간이 평균 3년 반 정도에 이른다는 점을 생각할 때 "언젠간 하겠지!"라며 무작정 기다리는 것은 좋지 않습니다. 어린아이에게 3년은 꽤 긴 시간이에요. 이 시간 동안 아이가 제대로 말을 하지 못해서 겪게 되는 정서적·사회적 문제를 생각한다면 부모가 좀 더 관심을 갖고 살펴보는 것이 좋겠지요. 🖤

친구를 너무 따라 해요

• • •

아이가 무척 좋아하는 친구가 있어요. 그런데 그 친구를 너무
따라 합니다. 친구가 미끄럼틀을 타면 쫓아가서 미끄럼틀을 타고,
친구가 "재미없다" 하면 그 말도 똑같이 하고, 친구가 물을 마시겠다고
하면 자기도 물을 마시겠다고 해요. 친구가 싫은 티를 내도
소용없어요. 대체 무슨 심리일까요?

어떤 아이들은 친구의 행동을 모두 따라 하려고 해요. 친구가
"따라쟁이야!"라고 무안을 주거나 부모가 "너는 왜 그렇게 줏대가 없
니?" 하고 핀잔을 줘도 그렇게 합니다. 이런 말을 들으면 아무리 어
린아이라고 해도 기분이 상할 거예요. 어떤 부모는 아이가 또래를 따
라 하는 게 보기 싫다는 이유로 그 친구와 만나지 못하게 하기도 합
니다. 친구를 따라 하는 게 꼭 나쁘기만 한 걸까요?

친구의 행동을 따라 하는 아이들은 또래소속감이 높다고 할 수
있습니다. 누구보다 친구들과 함께하고 싶고, 친구들 사이에 끼고 싶
은 아이들이지요. 또래와 친해지려면 상대에 대한 관심을 보여주는

것이 중요하기 때문에 친구의 행동을 따라 하거나 친구의 말에 반응하는 거예요. 문제는 그게 지나치면 상대의 오해를 살 수 있다는 것입니다. 친구는 아이가 자기를 놀린다고 생각해 화를 내거나 귀찮게 여기면서 피할 수도 있어요. 그러면 친구와 친해지고 싶은 아이의 욕구는 물거품이 될 것입니다. 따라서 친구에게 관심을 보이더라도 너무 따라 하지는 않도록 지도해줄 필요가 있습니다.

말과 행동을 그대로 따라 하는 것이 친구에게는 불편하거나 불쾌할 수 있다는 점을 알려주세요. 나에게는 그런 의도가 없더라도 상대방은 다르게 받아들일 수 있음을 가르칠 기회입니다. 그리고 아이가 여러 가지 놀이를 경험해볼 수 있도록 해주세요. 놀이 방법을 몰라서 친구가 하는 대로 따라 하는 것일 수도 있거든요. 어떻게 놀이를 해야 하는지, 자기가 생각한 게 맞는지 확신이 없는 거예요. 친구와 놀고 싶은데 생각나는 건 없고, 생각나는 것이 있어도 그게 맞는지 자신이 없으니까 그냥 안전하게 상대의 행동을 따라 하는 것이지요.

부모와 아이가 함께 놀이를 해보는 것도 좋습니다. 놀이를 할 때는 아이가 자신의 생각을 표현할 수 있도록 격려해야 합니다. 엄마와 아빠가 다양한 아이디어를 내면서 적극적으로 놀이에 참여하는 모습을 보여줘도 좋겠지요. 아이가 의견을 내면 긍정적으로 반응해야 합니다. "아, 너는 그렇게 생각했구나!", "그 아이디어 정말 좋다!",

"이렇게 해보고 싶었구나"와 같이 아이의 생각을 수용해주면 아이는 자신의 생각도 의미가 있고 가치가 있음을 느끼게 됩니다. 자신에 대한 확신이 있을 때 아이도 또래 사이에서 좀 더 자신 있게 행동할 수 있을 것입니다. 🖤

아이한테 친한 친구가 없는데 괜찮은가요?

• • •

> 아이에게 단짝친구가 없는 것 같아서 걱정이에요. 다른 아이들은
> 친한 친구가 한두 명쯤 있습니다. 하원 후 놀이터에 가보면 그 아이들은
> 자기들끼리 놀고 싶어 하는 것 같아요. 아이에겐 그런 친구가
> 없다 보니 혹시 유치원에서도 외롭지는 않을까 하는 생각이 드네요.
> 괜찮은 걸까요?

미취학 아동을 자녀로 둔 부모는 이런 걱정을 많이 합니다. 그런데 만 3세에서 6세 사이의 아이들에게는 아직 우정에 대한 개념이 없어요. 적어도 초등학교 2~3학년은 되어야 합니다. 이 시기의 아이들은 또래 중에서도 자신과 놀이나 활동 정서를 공유하는 아이를 선택해 친구라는 말을 붙여줍니다. 이에 반해 유아기 아이들은 자기랑 자주 놀거나 비슷한 활동을 하고 있으면 그냥 그 아이를 친구라고 부르지요.

이처럼 유아들은 근접성으로 친구를 정의합니다. "얘는 내 친구야. 우리 옆집에 살아" 하는 식으로요. 상대가 갖고 있는 물건이나 눈

에 띄는 신체적 기술 때문에 친구가 되기도 합니다. 요즘 유행하는 카드를 가지고 있어서, 혹은 태권도를 잘해서 친구라고 말하는 식이에요. 그래서 사실 이 시기에는 아이와 무엇이든 함께하고 나누는 단짝친구를 기대하기가 어렵습니다.

만일 아이가 옆집 아이와 붙어 다닌다면 둘이 단짝친구로 보이겠지만, 새로운 곳에서는 둘 중 누구든 새로 만난 친구와 붙어 다닐 수 있어요. 사실 두 아이는 단짝이 아니라 왕래가 잦아서 함께 다녔던 것이지요. 물론 자신과 성향이 맞고 재미있게 놀 수 있는 다른 친구가 없다면 계속 옆집 아이와 함께하겠지만, 그렇지 않은 경우에는 얼마든지 다른 친구와 더 친해질 수 있습니다.

부모들이 가끔 당황하는 것도 이런 이유입니다. 어릴 때부터 붙어 다닌 친구와 같은 어린이집에 아이를 보내고 심지어 같은 반까지 됐는데 막상 그곳에서 친구가 배신을 하는 일이 생기는 것이지요. 그 친구는 사실 아이를 배신한 것이 아니에요. 자기와 보다 잘 맞는 새로운 친구와 어울리게 된 것뿐입니다. 주말에는 내 아이와 놀고 유치원에서는 다른 아이와 더 잘 노는 그 친구가 어른의 눈에는 조금 이기적으로 보일지도 몰라요. 하지만 유아의 발달 수준을 고려하면 문제라고 볼 수 없습니다.

"엄마, 걔가 나하고 안 놀아줘. 이제 걔는 나 싫어해."

아이는 이렇게 말하겠지요. 엄마는 속상할 거예요. 그 친구의 엄마에게 "딸한테 말 좀 잘해줘. 우리 아이도 좀 끼워달라고 해"라는 말을 해볼 수도 있겠지만, 이런 부탁은 유아에게 먹히지 않아요. 우선 그 친구에게는 누군가를 배척하려는 의도가 없었을 거예요. 그저 재미있어 보이는 놀이를 하는 친구와 함께 그 놀이를 했을 뿐인데 엄마가 그런 식으로 말하면 오히려 섭섭하고 당황스러울 수도 있지요.

꼭 놀던 친구하고만 놀아야 하는 것은 아닙니다. 평소 친한 사이라고 하더라도 붙어 다니게 할 필요는 없어요. 아이가 어디에 끼어서 놀아야 할지 몰라 힘들어한다면 다른 아이들보다는 성인인 교사에게 도움을 청하는 것이 보다 현명한 방법입니다.

좀 더 외향적이고 적극적인 친구를 A, 내향적이고 소극적인 친구를 B라고 이름 붙여봅시다. 어린이집에서 A는 자신과 성향이 비슷한 C에게 달려가고 B는 그 자리에 우두커니 남게 되었어요. B는 A가 자신을 두고 C에게 달려간 게 싫기는 하지만, 그렇다고 A와 C가 하는 블록놀이는 하고 싶지 않습니다. 어제 하다가 만 공주 그리기를 마저 끝내고 싶지요. 미술 영역에 선 채 A의 이름을 불러도 A는 올 생각을 하지 않습니다.

이때 B에게 다가가서 "어머, A가 너랑 안 놀아주니?"라는 식으로 이야기하는 것은 금물입니다. 이렇게 말하면 B는 스스로에게 동정심을 갖게 되고 A에게는 미움의 감정을 갖게 될 수 있으니까요. 교사는 그저 B가 관심을 두고 있는 일에 관심을 가져주면 됩니다. "이거 어제 그리던 거구나. 근사한 공주님이네!"라고요. "A랑 같이 그림을 그리고 싶은가 보구나. 그런데 A는 지금 블록놀이를 하고 싶은가 보다"라는 식으로 두 아이 각자의 욕구를 인정해주는 것 또한 중요합니다.

이러다 보면 주변에서 다가오는 누군가가 반드시 있습니다. "선생님 뭐 하세요? B야, 너는 뭐 해?" 이렇게 말하면서요. B가 새로운 친구를 사귈 좋은 기회지요. "지금 B가 그린 공주에 대해 얘기하고 있어. 너도 이리 와서 함께 보자"라고 하면서 B가 자신의 그림을 친구에게 간단히 설명할 수 있도록 요청하거나 두 아이가 대화할 수 있도록 유도해주면 돼요. 다가온 친구가 관심을 보이면 함께 해보자고 권하면 됩니다.

새로운 친구와 함께 놀이를 시작하고 어울리는 경험은 소극적이었던 B에게 분명 중요한 사건이자 기억으로 남을 것입니다. A에게만 의존하기보다는 다른 아이들에게 좀 더 관심을 갖고 다가가려는 노력을 하게 될 수도 있어요. 어린이집 밖에서는 엄마가 교사의 역할을 해주면 되겠지요. 적극적인 아이는 새로운 관계를 맺고 놀이나 활동을 주도하는 데 주저함이 없겠지만, 소극적인 아이에게는 쉽지 않은 일입니다. 그만큼 좀 더 많은 지지와 격려가 필요해요.

　유아기에는 한 친구하고만 놀기보다는 다양한 또래와 어울리고 부딪혀보는 경험을 갖는 게 더욱 좋습니다. 아이에게 단짝 친구가 없다고 걱정하기보다는 여러 아이와 즐겁게 활동할 수 있는 시간을 어떻게 만들어줄 수 있을지 고민하는 편이 좋지 않을까요? 🖤

친구와의 사소한 다툼,
화해시켜야 할까요?

• • •

아이가 친구랑 좀 다투더니, 다시는 그 친구와 놀지 않겠다고
합니다. 옆에서 지켜봤지만 아이들 사이에서 흔히 일어나는 정도의
다툼이었어요. 놀지 말라고 하기도 그렇고, 억지로 화해를 시키기도
그렇네요. 그냥 두고 봐도 괜찮을까요?

유아기 아이들은 '현재'에 산다고 할 수 있어요. 어제까지 잘 지
냈어도 오늘 다툼이 있으면 "다시는 안 놀 거야!"라고 말하곤 합니
다. 하지만 그것 또한 미래를 고려해서 하는 말이 아니에요. 친구가
장난감을 빌려주거나 먹을 것을 나눠주면 금세 다시 놀곤 하지요. 나
이가 어릴수록 그런 일을 빨리 잊기도 합니다. 그렇기 때문에 아이가
친구랑 놀지 않겠다고 하는 말은 너무 심각하게 받아들이지 않아도
돼요. 친구와 만날 기회를 만들지 않는다든지 아이를 심하게 나무랄
필요도 없습니다.

어린아이가 친구와 놀지 않겠다는 하는 경우는 대개 친구와의

사이에서 갈등이 발생했는데 제대로 해결되지 않아 삐지고 화가 난 거예요. 이럴 땐 갈등을 어떻게 해결해야 하는지 방법을 알려주고, 직접 해결하는 연습을 하도록 도와주면 됩니다. 아이가 친구에 대한 불만을 호소하면 일단은 잘 들어주세요. 아이의 속상하고 화난 마음을 헤아려준 다음에, 문제를 해결하는 방법에 대해서 함께 이야기를 나눠봅니다.

물론 이야기를 나누는 것만으로는 상황이 달라지지 않아요. 아이가 직접 적용을 해봐야겠지요. 어떤 부모들은 아이가 부모와 있을 때는 분란이 없는데 또래를 만나면 유독 힘든 일이 많이 벌어진다며 또래와 함께하는 기회를 아예 차단하는데요, 이는 잘못된 생각입니다. 수영하는 법을 글로 배운다고 잘할 수는 없듯이, 어떤 것들은 실전에서 부딪혀 배워나갈 때 훨씬 학습효과가 좋습니다. 또래관계와 같은 사회성 기술에 관해서는 부모와 같은 성인이 문제 상황이 예견되거나 발생할 때 이를 다루는 효과적인 방법을 보여주고 지도해줄 필요가 있습니다.

어린아이들은 특정 상황이 벌어진 순간 바로 적절한 지도를 받아야 잘 배울 수 있습니다. 따라서 아이와 자주 다툼이 일어나는 친구가 있다면 한동안 부모가 그 곁에 머무르며 유심히 관찰하는 게 좋습니다. 문제가 일어날 것 같은 상황에는 바로 개입해서 아이에게 하나하나 가르쳐주도록 하세요. 친구에게 솔직하게 감정을 표현하고 자신의 의견을 전달하는 것, 친구의 이야기에도 귀를 기울이며 때로는 양보하고 기다리고 타협하는 것을 연습하면서 아이는 싸우지 않고도 문제를 해결할 수 있다는 사실을 알아갈 거예요.

예를 들어 아이가 친구 장난감을 뺏으려 한다면 '규칙 지키기'와 '부탁하기' 같은 사회성 기술을 알려줄 수 있는 기회입니다. "왜 친구 걸 뺏어!"라고 야단치거나 "또 싸워? 안 되겠다. 이 장난감 버려야겠다"라고 반응하기보다는 아이 마음을 헤아려준 후 규칙을 알려주고 갈등을 중재해주세요.

"진수야, 지호가 하는 놀이가 재미있어 보였구나. 그래서 지호의 장난감을 갖고 놀고 싶었구나!", "지호는 아직 이 장난감을 갖고 더 놀고 싶은데 진수가 가지려 해서 놀란 것 같구나!"라고 각자의 마음을 헤아려준 후 "둘이 함께 갖고 놀지 않을 거면 한 사람은 기다려야만 해! 둘이 같이 놀 거니?"라고 물어봐줍니다. 만일 지호가 싫다고 한다면 진수는 이를 받아들이는 법을 배워야 하겠지요. 그럴 때는 이렇게 말하면 됩니다.

"지호는 지금은 혼자 놀고 싶구나. 그러면 진수는 좀 더 기다려야겠네. 이따가 지호에게 장난감을 빌려줄 수 있을지 물어보자. 이건 지호 장난감이니까 지호가 싫다고 하면 할 수 없거든."

그러면 진수는 울먹이거나 "싫어!"라고 외칠 준비를 할 텐데, 이때 재빨리 아이의 주의를 전환해줍니다. "진수야! 우리 기다릴 동안 뭘 할까? 엄마가 스티커 북 갖고 왔는데, 거기에 새로운 공룡 스티커가 있던 것 같은데? 찾아보자!"와 같은 식으로요. 진수가 새로운 놀이에 관심을 가지면 다음과 같이 꼭 말해주도록 합니다.

"잘 생각했어! 아무것도 안 하고 기다리면 정말 힘들어! 이거 하고 놀다가 다시 지호에게 빌려달라고 말해보자."

아이와 놀면서 중간중간 지호를 살펴보세요. 지호가 진수의 행동에 관심을 보이면 자연스럽게 지호를 놀이에 청합니다.

"지호야, 우리가 뭘 하는지 궁금한가 보구나. 이리 와서 봐도 돼. 이건 같이 할 수 있는 거거든!"

지호가 오면 아이들이 상호작용할 수 있도록 중재해주다가 슬쩍 말해보는 겁니다.

"아 참, 지호야, 이제 그 장난감 놀이는 끝난 거니? 아까 지민이가 그걸 하고 싶어 했거든!" 하고 묻고, "진수야, 아까 지호 장난감 갖고 놀고 싶어 했지?! 지금도 하고 싶으면 지호에게 빌려달라고 말해보렴"이라고 지도합니다.

이때 진수가 지도한 대로 따라 하면 적절한 방법으로 요청한 것에 대해 칭찬해주세요. 또한 지호가 흔쾌히 허락하면 이 점에 대해서

도 칭찬해줍니다. 만일 아이들이 같이 놀겠다고 한다면 더욱더 칭찬
해주세요. 함께하는 것, 공유하는 것은 대단히 가치 있는 행동이라는
걸 아이가 깨닫게 될 것입니다. 🖤

친구 사귀는 걸 어려워해요

• • •

> 아이가 친구 사귀는 걸 어려워해요. 대신 친구를 만들어줄 수도 없고
> 답답하기만 합니다. 저희 아이가 사회성이 떨어지는 걸까요?
> 또래와 잘 어울리게 도와줄 수 있는 방법은 없는지 궁금해요.

친구와 어울려 노는 것을 어려워하는 아이들은 크게 두 부류로 나눌 수 있어요. 시작이 어려운 아이, 그리고 유지가 어려운 아이입니다. 시작이 어려운 아이는 수줍음이 많거나 낯가림이 심해서 친구에게 다가가지 못해요. 이런 아이들에게는 어느 정도의 시간이 필요합니다. 시간이 조금 지나면, 혹은 적극적인 친구가 먼저 나서준다면 친구와 어울려 노는 데 큰 문제가 없어요.

또 한 가지 방법은 어른이 아이들 사이에 끼어서 모두 함께 놀 수 있게끔 도와주는 겁니다. 그냥 "둘이 같이 놀아!", "다 같이 해!"라는 식으로 말만 해서는 안 됩니다. 부모가 껴서 한동안 모두 어울려

놀이를 하는 게 좋아요. 아이가 또래들의 행동을 따라 하며 섞여서 놀기 시작할 때 부모는 서서히 빠져나오면 됩니다.

유지가 어려운 아이들은 쉽게 친구를 사귀지만 계속 어울려 놀지 못해요. 친구들과 금방 싸우기도 하고, 친구들이 아이만 남긴 채 떠나버리기도 합니다. 이런 경우, 아이의 태도를 살펴보세요. 지나치게 자기중심적인 행동이나 공격적인 행동 때문에 그럴 가능성이 크거든요. 친구들과 함께하고 싶은 욕구는 많지만, 그 방법을 잘 모르는 것이라고 할 수 있지요.

놀이를 함께하기 위해서는 규칙을 지켜야 합니다. 타인을 배려하는 법, 타인에게 협력하는 법도 알아야 하고요. 아이가 그런 태도를 배울 수 있도록 성인이 개입해서 지도해야 하겠지요. 우선 아이와 여러 가지 놀이를 해보세요. 이때 아이에게 무조건 맞춰주지 말고 아이가 놀이의 규칙을 지킬 수 있도록 해야 합니다. 놀이를 함께하는 동안 아이들은 즐거움과 만족감, 성취감 등을 주고받는데, 아이가 이처럼 호혜적인 경험을 쌓을 수 있도록 부모가 도와주는 것입니다.

아이가 부모와의 놀이에 익숙해지면 한 명의 친구와 놀이를 하고, 그다음에는 여러 명의 친구와 놀이를 하는 식으로 집단의 크기를 점차 키워봅시다. 함께 어울려 노는 기쁨을 깨닫는 순간, 아이는 세상 속으로 한걸음 성큼 걸어 들어갈 거예요. 💜

친구들한테 지적을 해서
미움받는 것 같아요

• • •

유치원에서 반장 소리를 듣는 아이에요. 선생님 말씀을 잘 듣고
규칙도 잘 지킵니다. 문제는 다른 사람도 자기처럼 하길 바란다는
거예요. 친구들이 잘못하면 나서서 지적을 한다고 합니다.
그래서 그런지 친구들이 아이랑 같이 놀고 싶어 하지 않는 것 같아요.
어떻게 하면 좋을까요?

규칙을 잘 지키는 건 좋은데, 다른 아이들이 조금이라도 잘못을
하거나 실수를 하면 마치 선생님이라도 된 것처럼 꾸짖는 아이들이
있어요. 엄마 입장에서는 '자기 할 일만 잘하면 되는데 왜 이렇게 오
지랖이 넓을까?' 싶지요. 그래서 "다른 사람 일에는 신경 쓰지 마!"라
는 잔소리를 하게 되기도 해요. 이런 말을 들으면 아이는 무척 헷갈립
니다. 어른들로부터 항상 규칙을 잘 지키라는 말을 듣고, 지키지 않으
면 혼나기까지 했잖아요. 그런데 규칙을 어기는 친구는 그냥 놔두라
고 하니 '규칙은 나만 지키는 것이고, 친구는 지키지 않아도 되는 건
가?'라는 의문이 들 거예요. 그러면서 혼란스러워지는 것이지요.

유아기 아이들은 융통성이 부족합니다. 자신이 옳다고 여기는 것에 대해서는 매우 고집스러운 태도를 보여요. 특히 완벽주의 성향이 있는 아이는 자신의 행동뿐 아니라 타인의 행동도 신경을 쓰며 일일이 참견할 수 있습니다. 이때 어른들이 적절히 중재해주지 않으면 아이의 참견과 지적은 점점 심해질 수도 있어요. 예를 들어 어떤 아이가 잘못을 저질렀는데 선생님이 아무런 조치도 취하지 않으면 자기가 나서서 해결하려고 하게 되는 것이지요.

이런 아이들에게 "네 일도 아닌데 왜 나서는 거야?", "신경 좀 쓰지 마!", "친구에게 왜 그러는 거니?"와 같은 말을 하면 아이는 기분이 상할 수밖에 없어요. 아이에게는 나쁜 의도가 전혀 없으니까요. 어른이 먼저 상황을 해결했다면 아이가 나설 필요도 없었을 거예요. 물론 아무리 민감한 어른이라도 여러 아이에게 일어나는 일을 하나하나 살필 수는 없습니다. 그럴 때 아이가 먼저 나서서 친구를 지적한다면 이렇게 말해주세요.

"무슨 일이 생겼나 보구나. 이제부터는 선생님이 할게. 이런 건 어른이 해야 하는 일이거든."

또한 아이의 말이 친구들에게 기분 나쁘게 들리지 않게 표현하는 법도 알려줘야 합니다. 명령이나 지시 조보다는 "이렇게 해줄래?", "이렇게 해주면 좋겠어!"라고 말하도록 지도해주세요. 아이에게 "친구가 깜빡해서 규칙을 잊었구나. 그래서 네가 알려주려 했구나. 친구가 다시 규칙을 생각할 수 있도록 친절하게 알려주자"라며 소리 지르지 않고 어떻게 표현하면 좋을지 의견을 나눠보는 것도 좋아요. 아이가 좀 더 예쁜 표현을 생각해냈다면 충분히 칭찬해주고요.

어른들이 알아서 문제를 해결한다면 아이는 굳이 나서지 않을 거예요. 자기가 일일이 나서지 않아도 되는 만큼 오히려 마음이 편해질 수도 있지요. 어른이 어른답게 행동하면 아이도 아이답게 행동합니다. 아이를 대할 때는 이 점을 꼭 기억했으면 좋겠어요. ♥

승부욕이 너무 강해요

• • •

아이가 승부욕이 너무 강해요. 달리기는 일등이어야 하고,
게임에서 지기라도 하면 난리가 납니다. 심지어 유치원 버스를
탈 때도 가장 먼저 타야 해요. 무조건 이겨야 직성이 풀리는 아이.
어떻게 지도하면 좋을까요?

승부욕과 경쟁심이 유난히 강한 아이들이 있어요. 이런 아이들
은 다양한 심리적 욕구 중에서도 특히 우월성에 대한 욕구가 큰 편이
라고 할 수 있습니다. 잘하고 싶어 하는 마음은 좋은 것이지만, 다른
사람을 무조건 이기려 한다거나 최고가 되어야만 만족하는 모습이
지나치면 부정적으로 보일 수 있지요. 우월감을 추구하다 보면 열등
감 또한 쉽게 느낄 수 있어요. 항상 최고가 될 수는 없으니까요.

아이가 잘하려고 애쓰는 점은 격려해주더라도 타인과 너무 비교
하거나 경쟁하지 않도록 조절해주는 교육은 필요합니다. 평소에도
아이를 다른 사람과 비교하지 마세요. "와, 저 친구는 그림을 진짜 잘

그린다! 너도 할 수 있겠어?"라든지 "쟤가 너보다 더 잘 뛰는 것 같은데?"와 같은 말은 금물입니다. 칭찬을 할 때도 "네가 다른 친구들보다 훨씬 잘했어!"라는 식으로 다른 사람을 깎아내리면 안 됩니다. 이런 표현은 아이로 하여금 주변 사람을 모두 경쟁상대로 느끼게 하니까요. 과정보다는 결과에 지나치게 신경 쓰는 아이가 될 수도 있습니다.

승부욕이 너무 강한 아이는 타인보다는 본인에게 집중할 수 있도록 도와주세요. 기준을 자기 자신에게 두도록 하는 거예요. 남을 이기는 것이 아니라 지난날의 나보다 나아지는 것이 중요하다고 알려줘야 합니다. 놀이나 운동을 할 때도 비경쟁적 협력 놀이를 많이 할 수 있도록 이끌어주세요. 친구들과 함께 커다란 박스를 아지트처럼 꾸미는 놀이라든지, 다양한 입장을 이해할 수 있는 역할 놀이도 좋습니다.

부모와 함께 역할 놀이를 할 때는 아이에게 남을 돕거나 보살펴주는 역할을 맡겨보세요. 우월성의 욕구는 타인을 지배하는 것이 아닌, 타인을 도와주는 행동으로도 충족시킬 수 있기 때문입니다. 다른 사람의 감정을 이해하고 배려하는 법도 가르쳐줘야 하겠지요. 게임에서 이겼을 때 신이 나는 것은 자연스럽지만, 진 사람의 마음을 생각해 표현을 완화하는 것이야말로 진짜 승자다운 태도라고 알려준다면 아이도 그렇게 해보려고 노력하게 될 거예요. ♥

친구들을 위협하거나 괴롭혀요

• • •

아이가 다니는 어린이집에서 연락이 왔어요. 저희 아이는 또래보다
덩치가 큰 편인데, 친구들을 종종 위협하거나 괴롭힌다고 하더라고요.
하원한 아이에게 친구를 괴롭히는 건 나쁜 짓이라고 말했지만,
알아들었는지 모르겠어요. 아이가 왜 그러는 걸까요?

또래를 괴롭히는 아이들의 유형은 크게 두 가지로 나눠볼 수 있
습니다. 첫 번째는 '반응적 공격자' 유형으로, 이런 아이들은 '다들 나
한테 적대적이야!'라고 여길 때가 많아요. 다른 사람들이 자기를 싫
어한다고 생각해서 자기도 다른 사람들에 대해 부정적인 감정을 갖
는 경우지요. 길을 가다가 다른 사람과 어깨가 부딪치면 보통은 우연
이라고 생각하는데, 반응적 공격자들은 상대가 자신을 해할 의도로
일부러 부딪쳤다고 생각해 크게 화를 냅니다. 그리고 자신이 당한 만
큼 상대에게 대갚음해주고자 적대적으로 행동하지요. 별것도 아닌
일에 쉽게 화를 내면서 성질을 부리는 아이들이 있는데 바로 이 유형

에 속한다고 할 수 있어요.

두 번째는 '도발적 공격자' 유형입니다. 이 유형은 문제가 좀 더 심각해요. 도발적 공격자들은 공격적인 행동을 통해 가시적인 이익을 얻을 것이라는 자신감을 가지고 있습니다. 상대에게 화를 내거나 위협을 가하면 원하는 것을 가질 수 있다고 생각하는 것이지요. 이런 유형에 해당하는 아이들은 다른 아이들을 지배함으로써 자존감이 높아진다고 믿습니다.

도발적 공격자들의 공격 행위에는 분명한 목적이 있어요. 바로 자기가 가진 '힘'을 보여주려는 거예요. 도발적 공격자들은 반응적 공격자와 달리 다른 사람들이 자신을 싫어한다고 느끼지 않으며, 누가 자기에게 잘못을 해도 적대적인 의도가 있을 거라 생각하지 않습니다. 물론 그렇다고 해서 자기에게 해를 가한 사람을 가만두지는 않겠지요. 누군가 실수로 자신의 어깨를 치고 간다면 도발적 공격자 역시 바로 그 사람에게 공격을 가할 것입니다. 하지만 그 바탕에 깔린 생각은 반응적 공격자와 완전히 다릅니다. '저 친구는 좀 부주의하군. 앞으로 내 주변에서는 좀 더 주의하도록 가르쳐야겠는데?'라는 생각으로 공격하는 거예요. 그 방법이 자신의 가르침을 전달하는 데 가장 효과적이라고 여기는 것입니다.

반응적 공격자는 화가 나서 공격적인 행동을 한다면, 도발적 공격자는 냉정한 판단 하에 공격적인 행동을 합니다. 또한 반응적 공격자는 공격적인 행동을 한 뒤에도 기분이 좋지 않은 반면, 도발적 공격자는 타인과 충돌이 있을 때 오히려 기분이 좋아지는 등 긍정적인 감정을 표출합니다. 바로 이 점이 도발적 공격자가 무서운 이유입니다.

아이가 친구를 일방적으로 괴롭히는 것이라면 적극적으로 대처해야 합니다. 그렇지 않으면 학교에 가서도 계속 친구들에게 폭력을 가할 수 있어요. 학교폭력과 같은 또래 괴롭힘은 피해자에게 장기간에 걸쳐 큰 상처를 주며, 학폭 미투 사건에서 보듯 가해자에게도 부메랑처럼 돌아올 수 있습니다. 여러 사람이 피해를 보는 것은 물론이고, 결국 본인에게도 해가 되는 것입니다.

부모는 아이가 보육기관에서 어떻게 지내고 있는지, 어떤 아이들과 어울리는지, 또래관계에 어려움은 없는지 반드시 살펴야 합니다. 만일 아이가 친구를 괴롭힌다면 그 이유를 알아보고, 어떤 유형에 속하는지도 빨리 파악해야 해요. 친구들이 자기를 싫어하는 것 같아서 심술이 난 것이라면 반응적 공격자 유형일 것이고, 다른 아이를 위협해서 원하는 것을 얻어내는 데 익숙하다면 도발적 공격자 유형이라고 할 수 있습니다.

아이가 반응적 공격자 유형이라면 타인의 의도를 왜곡해 부정적으로 해석하지 않고 다른 사람들에게 호감을 가질 수 있도록 도와줘야 합니다. 도발적 공격자 유형에 해당한다면 타인을 지배하고 통제하는 대신 건강한 방법으로 자존감을 높일 수 있도록 해주세요.

평소 아이가 조금이라도 타인을 배려하거나 돕거나 하는 행동을 했을 때 이를 적극적으로 칭찬해주는 게 필요해요. 무거운 짐을 들어주었다면 "와, 우리 은수는 힘이 세서 이것도 번쩍 들었구나. 네가 도와주니 정말 든든하네!"라는 식으로 아이의 힘의 욕구를 긍정적인 쪽으로 돌려 말해줍니다. 평소 부모나 친구, 다른 사람을 도울 수 있는 기회를 주고 칭찬을 자주 해주면 좋습니다.

올바른 교우관계를 맺을 수 있도록 도와주는 노력이 꼭 필요합니다. 또한 이타적이고 친사회적인 행동이 얼마나 가치 있는지 아이가 깨달을 수 있도록 부모가 솔선수범해야 하겠지요. 부모의 노력이 있다면 아이는 분명 달라집니다. 🖤

유치원 친구한테서 맞고 올 때가 있어요

• • •

아이가 유치원에서 친구에게 맞고 올 때가 있어요. 그 모습을
보자마자 너무 화가 났어요. "너도 때려!"라는 말이 목구멍까지
올라왔습니다. 계속 맞고 오면 어쩌지요?
맞지만 말고 때려주라는 말은 왜 하면 안 되는 걸까요?

눈에 넣어도 아프지 않을 내 아이가 다른 아이에게 맞고 오면 부
모는 화가 날 수밖에 없습니다. 이렇게 화가 나면 고통을 대갚음하고
싶다는 생각이 들면서 아이에게 "너도 때려!"라고 말하게 될 수도 있
어요. 하지만 이런 조언은 아이에게 별 도움이 되지 않습니다. 여기
에는 두 가지 이유가 있어요.

첫째, 냉정하게 말해서 아이는 상대방을 때릴 수 없었을 것입니
다. 같이 때릴 수 있었다면 맞고 오지만은 않았겠지요. 아이는 상대
를 때리고 싶지 않았을 수도 있어요. 상대가 너무 세서 때리는 것 자
체가 쉽지 않았을지도 모릅니다. 때리고 싶은 마음은 있지만 양심에

찔려서, 혹은 오히려 더 맞을까 봐 때리지 못한 것이지요. 그런데 속도 모르는 엄마가 "너도 때려! 왜 맞고만 있어?"라고 말하면 아이는 가슴이 답답해질 수밖에 없습니다. 이런 때는 아이의 상처 입은 마음을 헤아려주고 토닥여주는 편이 더 좋아요.

둘째, "너도 때려!"라는 조언은 아이에게 위험한 메시지를 줄 수 있습니다. 부모에게 그런 이야기를 들은 아이는 공격적인 행동이야말로 문제 상황을 해결하는 최고의 방법이라고 여기게 됩니다. 평소에는 분명 때리는 건 나쁜 행동이라고 가르쳤던 부모가 "바보같이 맞고만 있었어?"라고 하면 아이는 혼란을 느껴요. '나도 때렸어야 했나? 사실 엄마도 내가 그러길 바란 건가?'라고 생각하게 되는 한편, 이후 친구들과 갈등이 생겼을 때 공격적인 방식으로 해결하려 할 수 있습니다.

아이들이 갈등 상황에서 치고 박는 이유는 갈등을 해결하는 다른 방법을 알지 못하기 때문입니다. 아이가 언어로 자신의 생각과 감정을 잘 전달하고 대안을 모색하거나 타협하는 능력을 갖추었다면, 혹은 주변에 도움을 청할 만한 어른이 있었다면 꼭 그런 행동으로 문제를 해결하려 하지는 않을 거예요.

아이가 맞고 오거나 반대로 누군가를 때렸을 때는 그 행동 자체만 나무라기보다는 아이의 언어발달, 감정을 표현하는 방식 그리고 문제해결 능력이 어떤지 살펴봐야 합니다. 부족한 부분이 보인다면 그 부분을 채워주기 위한 부모의 노력이 필요할 것입니다.

사소한 정도가 아닌 상처가 났거나 심한 수준이라면 당연히 선생님과 상대 부모에게 알려서 어떤 일들이 일어났는지, 이런 일들이 다시 발생하지 않도록 조치를 취해야 하지만, 사소한 부딪힘에 대해서는 너무 과하게 흥분해서 반응하기보다는 앞으로 이러한 상황이 발생했을 때 어떻게 다루게 지도해야 하는지에 초점을 맞추는 게 중요합니다.

맞고 온 아이에게는 아이의 감정에 대해 충분히 공감해주고 위로해주는 게 필요합니다. "저런, 정말 속상했겠구나!", "아이고, 그런 일이 있었어! 아팠겠네!"라는 식으로 위로, 공감해주고 대화의 초점을 상황에 맞추도록 합니다. 즉 어떤 일이 생겨서 때리고 맞는 상황까지 갔는지에 초점을 맞추는 것이지요. 그래야 문제 상황을 다루는 법에 대해 이야기를 나눌 수 있기 때문입니다.

만일 아이가 특정 아이와 반복해서 갈등을 보인다면 이건 사소한 다툼이라기보다는 관계상의 문제일 수 있기 때문에 선생님과 상대 부모와 이 문제에 대해 논의하고 도와주는 게 필요할 것입니다.

양보할 줄 모르고 장난감을 빼앗기도 해요

• • •

아이가 친구랑 놀 때 양보를 절대 안 합니다. 다른 아이의 장난감을
빼앗기도 해요. 그러다 보니 엄마인 제가 사사건건 개입하고
잔소리를 해야 하는 상황이 벌어져요. 다른 친구들 앞에서 아이에게
싫은 소리를 계속하다 보면 아이의 자존감이 많이 떨어질 것 같은데,
어떻게 해야 할지 모르겠어요.

양보를 안 해서 친구와 마찰이 잦은 아이들의 사연은 무척 자주
접하고 있습니다. 초등학교 저학년 이하의 아이들 중에서 자기주장
만 하는 아이들을 종종 볼 수 있어요. 대개 9~10세까지는 친구관계에
대한 개념이 미숙합니다. 어린아이들은 자기 욕구가 먼저이기 때문
에 상대가 자신을 위해 행동해주길 바랄 뿐, 자신이 상대를 위해 행동
해야겠다는 생각을 미처 하지 못해요. 친구를 배려하는 것에 매우 서
툰 편이지요.

특히 성질이 급하거나 평소 또래와 어울려본 경험이 적은 아이라
면 더더욱 친구관계에 서툴 수 있습니다. 아이들은 성장해감에 따라

친구관계에 대한 개념이 성숙해져서 양보를 할 줄 알게 되고, 상대의 소유를 존중하는 행동도 하게 돼요. 물론 모두 다 그런 행동을 하는 것은 아닙니다. 사회성의 기본이 되는 규칙과 규범을 배울 기회가 없었거나, 또래와 함께하는 즐거움을 경험하지 못한 아이는 나이가 든 뒤에도 여전히 상대가 소유한 것을 빼앗고 제멋대로 굴어요. 이렇게 행동한 결과 외톨이가 되지요.

부모가 꼭 알아야 할 점은 사회성이 꽤 복잡한, 그래서 배우기 어려운 것이라는 사실입니다. 어떤 아이는 눈치가 빨라서 어른들이 일일이 말해주지 않아도 잘하지요. 본디 사회성이 탁월한 아이이기 때문입니다. 반대로 어떤 아이들은 꾸준히 알려주고 경험하게 해주지 않으면 애매모호하고 상황에 따라 다 다른 사회적 기술을 배우는 데 어려움을 느낍니다.

양보할 줄 모르는 아이라면 친구와 함께할 때가 혼자일 때보다 더욱 즐겁고 재미있다는 것을 경험하게 해줘야 합니다. 누구나 자신이 좋아하는 사람, 같이 놀고 싶은 사람에게는 잘해주기 마련이에요. 그리고 또래와 놀이를 할 때는 장난감을 최소화하는 것이 좋습니다. 아예 없으면 더욱 좋고요. 장난감이 없으면 소유에 대한 갈등이 발생하지 않아요. 그럼 뭘 하고 노냐고요? 부모가 나서서 아이들이 몸으로 하는 간단한 놀이 활동을 하게 해주세요.

아이들을 함께 이불 그네에 태워준 다음, 한 명씩 태워주면서 다른 한 명이 기다리게 합니다. 잘 기다린 아이에게는 칭찬을 많이 해주세요. 어른이 주도하는 활동에 잘 따르도록 한 뒤 칭찬을 듬뿍 해주면 아이는 또래와 함께 있어도 야단맞지 않고 오히려 자존감이 높아지는 경험을 하게 됩니다. 놀이의 규칙을 지키는 연습도 하게 되지요. 순서를 정해 한 명은 비눗방울을 불고 다른 한 명은 터뜨리게 하는 것도 좋아요. 부모가 술래가 된 뒤 아이들이 함께 숨도록 하는 놀이도 있습니다. 한바탕 놀이를 하고 나서 서로의 컵에 물을 따라주고 건배를 한다거나 과자를 상대방의 입에 넣어주는 식으로 우애를 다질 수도 있어요.

친구와 신나게 놀고 나면 아이는 친구가 꼭 자신의 것을 빼앗고 괴롭히는 존재가 아니라는 점을 알게 됩니다. 친구와 잘 지낼 수 있다는 자신감도 생기겠지요. 그러다 보면 어느새 부모가 강요하지 않아도 친구에게 먼저 양보할 줄 아는 아이로 성장하게 될 거예요. ♥

친구와 놀 때 꼭 자기가
리드하려고 해요

• • •

일곱 살 딸이 있어요. 놀이 상대가 꼭 있어야 하는 아이인데,
놀 때마다 자기가 친구를 리드하려고 해요. 상대 아이가 피로감을 느낄
정도로요. 그러다 보니 또래에게 거절도 잘 당합니다. 그때마다 아이는
속상해하고요. 아이를 어떻게 도와줘야 할지 모르겠어요.

또래와 놀고 싶어 하는데 자주 거절을 당한다니 엄마 입장에서
는 아이가 참 딱하게 느껴질 거예요. 자신의 뜻대로 놀이를 주도하려
는 아이는 부모와 놀 때도 자기가 원하는 대로만 놀이를 했을 가능
성이 큽니다. 부모는 아이의 일방적인 요구를 대부분 허용했을 거예
요. 아이가 중간에 마음대로 역할을 바꿔도 그대로 따르거나, "엄마
는 뭐라고 할까? 이렇게 하면 돼?" 하면서 아이에게 물어가며 놀이
를 했다면 아이는 원래 놀이란 그런 것이라고 착각하게 될 수 있습니
다. 그러다 보니 함께 노는 데 필요한 기술들, 즉 서로 생각을 나누며
뜻을 맞추거나 따라가기, 적절한 방법으로 제안하기, 역할 경계 지키

기 등이 잘되지 않는 것입니다.

이제 놀이의 방식을 조금 바꿔보세요. 이런 아이는 부모가 놀이 파트너의 역할을 해주는 것이 좋습니다. 놀이 파트너는 아이와 대등한 관계여야 해요. 아이가 놀이를 너무 주도하려고 할 때는 적절히 제동을 걸어주고, 놀이 아이디어를 제안하거나 또 받아주기도 하는 역할을 하면 됩니다. 만일 아이가 일방적으로 지시를 하면 그때 부모가 느끼는 감정에 대해 말해주세요. 그리고 좀 더 적절한 방법으로 말해주면 좋겠다고 이야기해줘야 합니다. "갑자기 소리를 질러서 내가 좀 놀랐어! 놀이에 대해 하고 싶은 말이 있나 보구나. 그럴 땐 소리 지르지 말고 네 생각을 말해줘"라고요.

아이가 상대방의 역할까지 일일이 지시하며 이래라저래라 한다면 "이건 내가 하는 거니까 내 생각대로 할게"라고도 말해야 합니다. 다만 아이를 비난하듯이 "너는 왜 그러니?"라는 식으로 말하면 안 돼요. "아, 너는 내가 그렇게 했으면 좋겠구나. 그런데 이건 지금 내가 맡아서 하는 역할이니까 어떻게 할지는 내가 결정할게. 너는 네 것을 결정하면 되고!"라는 정도로 이야기하면 됩니다.

아이와의 놀이에 재밌게 참여하면서 아이에게 놀이 아이디어를 제안하는 것도 좋습니다. 아이가 부모의 제안을 수용하고, 부모 역시 아이의 아이디어를 받아들이며 함께 노는 동안 아이에게 '생각을 공유하고 함께 이야기를 꾸미니 놀이가 더욱 재미있어졌음'을 강조해 주세요. 부모가 자기의 제안이나 요구를 거절했을 때도 아이가 크게 성내지 않고 받아들인다면 잊지 말고 칭찬해주어야 합니다.

이런 연습을 거치고 나면 아이도 조금 달라질 거예요. 아이가 또래와 놀 때 근처에서 한번 지켜보세요. 아이의 행동이 이전보다 나아졌다면 그냥 넘어가지 말고 "너희 둘이 생각이 달랐는데도 싸우지 않고 잘 해결했네!", "친구의 생각을 받아주는 모습이 진짜 멋지다!" 와 같은 말로 칭찬해야 합니다. 상대와 대등한 관계로 놀이를 하는 것이 더욱 즐겁다는 사실을 깨닫고 나면 친구를 리드하려고만 하는 아이의 습관은 점점 줄어들 것입니다. ♥

친구들 무리에 잘 끼지 못해요

· · ·

아이가 친구들 무리에 잘 끼지 못하는 것 같아요. 친구들도 자기들끼리만
놀고 우리 아이를 잘 끼워주지 않는 것 같습니다. 이러다가 혹시
초등학교에 가서 따돌림이라도 당하게 되는 건 아닌지 걱정이 돼요.

학교폭력에 대해 말이 많은 요즘입니다. 혹시 우리 아이가 따돌
림을 당하는 것은 아닐까 걱정하는 부모도 많아요. 수줍음 많은 아이
가 낯선 장소에서 낯선 아이들과 어울리기를 힘들어하는 것은 당연
한 일이지만, 평소 친하게 놀던 친구들이 아이를 빼고 자기들끼리만
놀고 있는 모습을 보면 부모는 괘씸하다는 생각이 들 수 있어요. 저
아이들에게, 혹은 우리 아이에게 대체 무슨 문제가 있기에 그럴까 심
란해지기도 할 것입니다.

만 5세 이하의 유아에게는 언제라도 이런 일이 생길 수 있습니다.
초등학교에서 나타나는 따돌림과는 다른 상황이지요. 유아기에는 의

도를 갖고 일부러 상대를 무시하거나 따돌리는 경우가 별로 없어요. 자기중심적인 사고를 하기 때문에 그렇습니다. 타인을 배려하고 공감하는 능력이 부족해서 자기가 신나게 놀 때는 혼자 심심해하는 친구가 눈에 들어오지도 않습니다. '저 친구가 심심하겠구나. 나라도 가서 말을 붙여야겠다'라는 식의 생각은 하지 못하는 것이지요.

유아기의 대표적인 인지적 특성인 불가역적 사고 또한 또래를 따돌리는 것처럼 보이게 할 수 있어요. 불가역적 사고란 어떤 상황을 다른 방식으로 뒤집거나 되돌려 생각하는 능력이 부족하다는 뜻이에요. 어린아이는 어떤 상황을 이해할 때 한 가지 차원에서만 생각합니다. 여러 차원을 고려해 사고하지는 못해요. 이런 특성은 다음과 같은 상황으로 나타날 수 있습니다.

어떤 친구의 생일을 맞아 그 집에 여러 명의 아이가 모였습니다. 먼저 온 네 명의 친구들은 소꿉놀이를 시작했지요. 신나게 놀이가 진행되는 와중에 마지막 친구가 도착했습니다. 생일을 맞은 친구의 엄마와 늦게 도착한 친구의 엄마는 놀이를 하고 있는 아이들 틈에 이 아이를 밀어 넣으며 "같이 재밌게 놀아, 얘들아!"라고 말했습니다. 아이들은 모두 "네!"라고 대답했어요. 그런데 10분쯤 지나가 마지막에 합류한 그 친구가 울먹이며 그 방을 나옵니다. 아이들이 자기들끼리만 논다는 거예요. 당황한 엄마들은 아이들에게 왜 친구를 끼워주지 않느냐고 야단치지만 네 아이는 이구동성으로 말합니다.

"쟤가 안 놀았는데요?"

네 명의 아이들은 이미 진행되고 있는 놀이를 멈추고 새로운 아이를 위해 놀이 상황을 수정하며 새로운 배역을 정하는 것이 어려웠을 뿐이에요. 불가역적 사고 때문이지요.

만일 늦게 온 아이가 재빨리 놀이 상황을 파악한 뒤 자기가 비집고 들어갈 역할을 구상하며 적극적으로 제안했다면 합류할 수 있었겠지만 이렇게 능수능란한 아이들은 많지 않습니다. 늦게 온 아이 역시 유아기 아이답게 자기중심적 사고를 하기 때문에 친구들이 자신을 위해 아무것도 해주지 않는 상황에 서러움을 느낄 수밖에 없었을 거예요.

이처럼 겉으로 보기에는 따돌림을 당하는 상황인 것 같지만 속을 들여다보면 각자의 입장과 사정이 있습니다. 부모들이 걱정하고 불안해하는 것처럼 누군가의 잘못이 아닐 때도 많아요. 그러니 너무 흥분해서 감정적으로 부딪치다 보면 오히려 문제를 악화시킬 수도 있습니다.

이런 상황에 적용할 수 있는 몇 가지 팁을 드릴게요. 우선 아이들의 모임에 절대 지각하지 마세요. 늦게 가면 갈수록 놀이에 끼어드는 게 점점 어려워지거든요. 아이들이 처음 놀이를 시작할 때 함께할 수 있도록 해주는 것이 아이를 편하게 만들어주는 방법입니다.

둘째, 부득이한 이유로 지각을 했다면 아이를 다른 아이들이 놀고 있는 방에 밀어 넣기만 하는 대신 좀 더 도와줘야 해요. 아이들의 놀이를 잠시 관찰하고, 그 놀이에 우리 아이가 어떤 역할로 낄 수 있을지 생각해보세요. 그리고 적절한 타이밍에 끼어드세요. 예를 들어 아이들이 엄마아빠 놀이를 하고 있다면 "우린 옆집에 새로 이사 왔어!"라고 하면서 아이를 소개하고 아이와 함께 이웃집에 인사할 채비를 하는 거예요. "우리 이사 왔으니까 인사하러 가자! 떡을 가져갈까? 딩동! 딩동! 안녕하세요, 저희 옆집에 이사 왔는데요!" 하면서 아이가 놀이에 자연스럽게 합류하도록 도와주세요. 아이가 새로운 역할로 그 집단에 뿌리를 내릴 때까지 옆에서 도와도 좋습니다.

마지막으로 놀이를 즐겁게 마친 아이들에게 칭찬을 해줘야 합니다. "다 같이 어울려서 잘 노는구나!", "함께 노니까 정말 좋다!"라고 말해주는 것을 잊지 마세요. 성인의 긍정적 평가는 아이들에게 협력의 가치를 깨닫게 해주며, 자존감을 높일 수 있게 해주기도 해요.

타고난 기질 때문에, 혹은 경험의 부족으로 아이가 사회적 관계를 형성하고 유지하는 능력이 부족하다면 부모와 함께 차근차근 키워나가면 돼요. 인내심을 갖고 도와준다면 생각보다 빨리 개선될 수 있을 것입니다. ♥

모두와 항상 잘 지낼 수는 없어요

　아이의 사회성을 걱정하는 부모가 참 많습니다. 저는 다양한 상황에서 부모가 어떻게 대처해야 하는지 이야기해주곤 하는데요, 그동안은 주로 '해야 할 일'에 대해서 말했다면 이번에는 '하지 말아야 할 일'에 대해 말하고자 합니다.

　아이의 또래관계와 관련해서 가장 먼저 하고 싶은 말은 너무 빨리 참견하지 말라는 것입니다. 아이에게 문제가 생기면 적절히 개입해야 하지만, 문제가 보이자마자 즉시 달려가서 해결해주라는 뜻은 아닙니다. 실은 아이가 스스로 깨우치는 것이 가장 좋은 방법이에요. 사회성 역시 마찬가지입니다. 성인의 도움은 되도록 적게 받으면서 자기가 연습하고 익히면 좋겠지요. 하지만 어떤 아이들은 적절한 방법을 전혀 알지 못해요. 또 알고 있더라도 이를 시행하기까지 너무나 큰 용기가 필요합니다. 그래서 부모의 격려와 지원이 있어야 해요. 이때는 아이에게 필요한 만큼의 지원만 해주면 됩니다.

　언제 어떤 부분을 얼마만큼 도와줘야 할지 판단하기 위해서는 먼저 상황을 관찰해야 합니다. 물론 안전과 관련된 문제라면 부모가 즉시 개입해서 아이를 보호해야 하지만, 그렇지 않은 경우에는 즉각적으로 나서기보다는 상황을 살펴보는 게 좋아요. 어떠한 형태의 중재가 바람직한지 생각해본 뒤, 체계적으로 개입을 준비해야 하니까요.

처음에는 문제 상황이라고 생각했는데 지켜보다 보면 아이들이 스스로 그 상황을 해결해나갈 때도 있어요. 그렇게 되면 부모는 그저 칭찬만 해주면 됩니다. 부모가 개입한다는 것은 아이 스스로 할 수 있도록 지도해주는 것과 똑같다고 볼 수 있습니다. 100퍼센트 도움을 주는 것이 아니라 아이가 할 수 있는 부분은 고려해서 직접 해볼 수 있도록 격려해주고, 점차 그 비중을 늘려나가도록 해야겠지요.

두 번째로 주의해야 할 점은 아이에게 모든 사람이 친구임을 강조하는 것입니다. 부모는 아이가 모든 사람과 사이좋게 지내기를 바라지만, 그렇게 되기란 무척 어려워요. 어른도 알고 지내는 모든 사람과 잘 지낼 수는 없잖아요. 그러면서 모든 아이들에게 서로 친하게 지내라고 요구하는 것은 비현실적일 뿐 아니라 아이들의 진짜 감정을 무시하는 행위이기도 합니다. 모든 사람을 좋아하라고 하기보다는, 좋아하지 않는 사람이라도 괴롭히거나 공격적으로 대하면 안 된다는 사실을 가르치는 것이 훨씬 좋은 교육일 것입니다.

아이들은 종종 "엄마, 나 걔 싫어!"라고 말할 때가 있습니다. 이럴 때 무조건 "친구인데 싫어하면 어떡해. 사이좋게 놀아야지"라고 말하지 마세요. 아이들이 서로 안 맞아서 호감을 느끼지 못할 수도 있음을 인정하고, 어떤 점 때문에 그런 감정을 느꼈는지를 물어보세요. 아이들 각자의 관심사나 취향의 차이 또한 받아들여야 합니다. 다만 싫다는 이유로 다른 아이를 따돌리고 적대적인 행동을 하는 대신 정중하게 거절하거나 거리를 두는 방법을 알려줘야 하겠지요.

어떤 아이는 좋아하는 친구의 수가 무척 적습니다. 그렇다면 혹시 또래 관계에서 어떤 어려움을 겪고 있는 것은 아닌지 살펴봐야 할 것입니다. 또래에게 관심이 있으면서도 괜히 거부하거나 공격적으로 대하는 아이도 있습니다. 따라서 아이가 친구에 대해 이야기할 때는 주의 깊게 듣고, 아이가 또래에게 어떤 욕구를 가지고 있으며 어떻게 접근하는지 세세한 부분까지 파악할 필요가 있습니다.

같은 맥락에서 아이들에게 모든 아이들과 항상 잘 지내도록 요구하지는 말아야 할 것입니다. 특히 아이가 원하지 않는데도 함께 놀도록 강요하는 것은 아이의 또래관계를 망치는 일입니다. 누구나 가끔은 혼자 있고 싶을 때가 있고, 상대가 원하는 놀이를 하고 싶지 않을 때도 있습니다. 이럴 때는 억지로 어울리기보다는 자신의 욕구를 상대방에게 건강한 방식으로 표현할 수 있어야 해요. 아이가 그럴 수 있도록 지도하는 것이 부모이자 성인의 역할입니다. 자신의 욕구를 참고 상대의 욕구에 맞추라고 하지는 마세요.

물론 아이와 놀이를 함께하고 싶었던 친구의 입장에서는 거절당했다는 생각에 서운할 수도 있을 거예요. 이때는 그 친구의 마음에 공감해주면서 다른 활동으로 유도하거나 아이들이 함께할 수 있는 놀이를 찾도록 도와주면 됩니다. 사람은 혼자 있고 싶을 때도 있다는 점 또한 알려주세요. 그런 아이의 마음을 이해해준 친구도, 친구에게 정중한 방식으로 거절한 아이의 태도도 모두 칭찬해줘야 합니다. 잊어서는 안 되는 부분이에요.

　마지막으로 부모가 절대 하면 안 되는 일이 있습니다. 바로 아이의 또래관계를 깨뜨리는 것입니다. 성인의 시각에서 바라보면 어떤 관계는 불공정하거나 위험해 보입니다. 그래서 아이의 의견을 무시한 채 만나지 못하게 하기도 해요. "네가 걔 시녀야? 왜 걔가 시키는 대로만 해?", "그 친구랑 너무 붙어 다니는 것 같아. 그 애 때문에 다른 친구들 못 사귀는 거 아냐?"와 같은 말로 아이들 사이를 떼어놓을 때도 있습니다.

　만약 또래관계에서 학대와 강압, 집착 같은 모습이 보인다면 아이의 안전과 사회성을 위해 차단해야 할 수도 있지만, 한 아이가 조금 더 주도적이거나 애정이 과하다고 해서 무조건 떼어놓는 것은 옳지 못합니다. 주도적인 아이와 짝을 이룬 아이들을 보면 상대적으로 수동적인 경우가 많습니다. 한 명이 적극적으로 나섰기 때문에 놀이가 시작되고 진행될 수 있었던 거예요. 그래서 둘은 단짝이 되었을 수도 있습니다. 이 관계에서 주도적인 아이가 사사건건 짜증이나 신경질을 내고 제멋대로 군다면 그 관계는 결코 좋지 않지만, 그저 먼저 제안하는 데 능숙하고 상대도 그 제안을 잘 따라주는 것이라면 그저 나쁘다고만 볼 수는 없습니다.

　"우리 애가 너무 수동적이에요. 친구가 세서 더 그런 것 같아요."

　이런 마음으로 두 아이를 떼어놓으려는 부모도 있습니다. 이때 부모가 할 일은 수동적인 아이가 좀 더 자기주장을 하거나 의견을 낼 수 있도록 도와주는 것입니다. 아이들을 떼어놓는다고 해서 문제가 해결되는 건 아니에요. 단짝의 경우에도 마찬가지입니다. 둘을 떼어놓는 것이 아니라, 다른 아이들을 포함해 다양한 아이들과 놀이할 기회를 만들어주는 것이 더 좋습니다.

가끔 상담을 하다 보면 아이가 소꿉놀이를 할 때 아기 역할만 하고 친구는 엄마 역할만 한다며 그 친구에 대한 서운함을 표현하는 부모를 만날 때가 있어요. 그런데 막상 아이와 이야기를 나눠보면 엄마의 생각과는 상황이 다릅니다. 아이에게 애정과 의존 욕구가 많아서 역할 놀이를 할 때 스스로 아기나 강아지 역할을 선택하고 좋아했던 거예요. 친구의 잘못은 없는 것이지요. 이런 아이는 가정에서 자율성과 주도성을 습득할 수 있도록 도와주는 것이 더욱 올바른 방법일 것입니다.

아이들의 사회성에 대해 이야기하다 보면 '어른이라고 해서 사회적 기술을 다 갖추고 있나?' 하는 의문이 들어요. 일방적으로 자기 말만 하고, 남을 탓하는 데 익숙하며, 상대방의 감정을 이해하기는커녕 적대적으로 반응하는 사람들이 넘쳐납니다. 아마 타인과 건강하게 관계 맺는 법을 배우지 못해서 그럴 거예요. 우리 아이들만큼은 제대로 가르쳐서 세상과 소통할 줄 아는 사람, 그 안에서 행복해질 수 있는 사람으로 자랄 수 있게끔 노력해봅시다.

PART
4

훈 육

| Questions About |

어떻게 해야 아이가 바르게 자랄까요?

자주 떼쓰는 아이를 어떻게 훈육해야 할까요?

• • •

저희 아이는 자주 떼를 써요. 달래도 보고 혼내도 보지만,
별 효과가 없습니다. 훈육할 때는 단호해야 한다고 하는데,
지금보다 더 엄하게 대해야 할까요? 어떻게 해야 아이가 떼를
덜 쓰게 될지 모르겠습니다.

부모의 눈에 아이들은 종종 이유도 없이 생떼를 쓰는 것으로 보입니다. 하지만 이유 없는 떼 부림은 없어요. 아이들은 욕구가 좌절되었을 때 떼를 씁니다. 그러니까 분명 나름의 이유가 있는 것이지요.

아이가 떼를 쓸 때는 그저 엄하게 다스리는 것보다 아이의 좌절된 욕구가 무엇인지 생각해야 해요. 가령 텔레비전을 그만 보라고 했을 때 떼를 부리는 아이는 '즐거움의 욕구'가 좌절되어 그럴 가능성이 큽니다. 단순히 "떼쓰면 못써!"라고 혼내는 걸로는 아이의 좌절감을 달래줄 수 없겠지요. 특히 어린아이들은 즐거움의 욕구를 채우는 방법을 잘 알지 못합니다. 따라서 부모가 아이의 마음을 헤아려준 뒤

에 아이가 다른 방식으로 즐거움의 욕구를 채울 수 있도록 유도해주면 됩니다.

"텔레비전이 재밌었는데 못 보니까 속상하구나. 그럼 다른 재미있는 걸 해볼까? 저 종이상자를 꾸며서 인형 집을 만들어주면 어떨까? 어디 보자. 색연필, 색종이, 가위… 스티커도 있네?"

이런 식으로 유도하면 아이도 어느새 떼를 멈추고 새로운 놀이 활동에 빠지게 될 거예요.

물론 단호해야 할 때는 단호해야 합니다. 다만 단호하다는 것은 화를 내거나 혼을 내는 것과 그 의미가 달라요. 안 되는 것은 분명하게 안 된다고 말하며, 실제로도 못 하게 하는 것이지요. 다른 사람을 때리거나 물건을 던지는 것 같은 공격적인 행동은 단호하게 제한해야 하겠지요.

하지만 그 전에 아이의 좌절된 욕구가 무엇인지, 왜 그 욕구가 좌절되었는지 살펴서 보다 적절한 방법으로 아이의 욕구를 충족시켜줄 필요가 있습니다. 부모가 아이를 대하는 방식이 달라지면 아이 또한 달라질 것입니다. ❤

혼내고 나면 안아달라고 매달려요

• • •

아이를 예뻐하지만, 훈육이 필요할 땐 단호하게 하는 편이에요.
저도 사람인지라 가끔은 아이에게 격앙된 모습을 보이기도 합니다.
한바탕 혼이 나고 나면 아이는 꼭 저한테 안아달라며 매달려요.
이런 아이의 심리는 무엇인가요?

어린아이들에게 부모는 절대적인 존재입니다. 먹여주고 입혀주
고 보호해주고 사랑해주는 등 자신들의 기본 욕구를 채워주기 때문
에 생존을 좌우하는 존재라고 할 수 있어요. 따라서 아이들의 마음속
에는 알게 모르게 유기에 대한 불안이 자리 잡고 있습니다. 부모가
자신을 돌보지 않고 버릴지도 모른다는 두려움이 바로 유아기 아이
들의 대표적인 불안입니다.

마구 떼를 부릴 때는 당장의 욕구를 충족시키려 하거나 좌절감
을 표현하느라 그런 불안감도 잊어버리지만, 한바탕 전쟁이 끝나고
나면 아이 또한 부모의 눈치를 봅니다. 자기를 쳐다보지 않은 채 무

뚝뚝한 표정을 짓고 있거나 인상을 쓰고 있는 등 화가 난 것처럼 보이니까요. 그러면 아이는 '내가 말을 안 들어서 엄마가 날 미워하면 어쩌지?'라는 생각을 하게 돼요. 이런 생각은 '더 이상 날 돌봐주지 않으면 어떡하지?'라는 불안감과 연결되어 있습니다. 이때 부모가 자신을 마땅찮게 쳐다보는 모습을 보이거나 한숨을 쉬며 고개를 돌려버리면 아이들의 두려움은 급격하게 커집니다.

아이는 혼이 난 뒤에도 부모가 여전히 자신을 사랑하고 있다는 것을 확인하기 위해 부모에게 안기고 매달리는 것입니다. 부모 입장에서는 이런 아이의 행동이 성가시게 느껴지고 오히려 더 짜증이 날 수도 있어요. 아이가 또 떼를 쓰는 것처럼 보이기도 하니까요. '내가 혼을 낸 게 혼낸 것처럼 보이지 않았나?' 싶기도 합니다. 안아달라는 말에 덥석 안아주면 이전에 훈육한 게 모두 허탕으로 돌아갈 것 같기도 하고, 어쩐지 권위가 없어 보이는 것 같기도 하지요. 안아주기 싫은 마음이 들 수도 있습니다. 아이가 너무 힘들게 하면 살짝 미워지기도 하잖아요. 그렇지만 어린아이에게는 부모의 사랑을 확인하는 것이 무엇보다 중요한 일입니다.

엄마 아빠에게 혼난 뒤에 매달리는 아이들은 대개 정서적으로 예민하고 감수성이 풍부합니다. 그래서 쉽게 불안을 느끼고 누구보다 사랑과 보호를 갈구하지요. 불안과 공포는 쉽게 다스릴 수 있는 정서가 아니에요. 불안과 공포에 휩싸이게 되면 그것밖에 안 보여요. 그런 아이에게 왜 또 떼를 쓰냐고 다그치거나 "네가 뭘 잘못했는지 알아?"라고 묻는 것은 아무런 도움이 되지 않습니다. 아이는 그저 무서운 거예요.

훈육을 끝낸 뒤에 아이가 안아달라고 한다면 그냥 안아주는 게 좋습니다. 아이는 자신의 행동에 대해 이미 제한을 받았고, 그러면 그 일은 끝난 거예요. 자기가 원하는 대로 하지 못해서 속상한 마음도 있지만, 화를 내는 엄마가 무섭고 자신을 사랑하지 않을까 봐 겁이 난 마음도 있는 거니까 아이를 안아주면서 그 감정을 다뤄주면 됩니다.

"아까는 많이 속상했지? 엄마가 안 된다고 해서. 그건 네 물건이 아니라서 만지면 안 되는 거니까 그랬어. 속상했을 텐데 잘 참았어!"

이런 식으로 말해주는 거예요. 엄마와의 갈등이 원만하게 해결되고 엄마가 자신을 미워하지 않는다고 느끼면 아이는 본래의 모습으로 돌아갈 것입니다. 그렇지 않다고 느끼면 계속 엄마에게 매달리겠지요.

아이가 잘못을 했을 때는 혼을 낼 수도 있습니다. 훈육은 분명 필요해요. 하지만 아이를 밀치거나 거부하는 방식은 안 됩니다. 아이가 잘못을 했다면 그 잘못에 대해서만 말을 해야 합니다. 특히 "아빠

도저히 너 못 키우겠다!", "엄마 말 안 들을 거면 혼자 살아!"라는 식의 말은 금물이에요. 훈육이 끝난 뒤에 매달리는 아이도 내치지 말고 안아주세요. "다음부터는 그렇게 하지 마. 알았지?" 하면서 토닥이는 것으로 끝맺는 것이 좋습니다.

그런데 어떤 아이는 훈육을 막 시작했을 때 안아달라고 매달리기도 합니다. 역시 엄마가 화를 내는 것이 불안해서 하는 행동이지만, 이때 훈육을 하지 않고 아이를 안아주기만 하면 아이가 불편한 상황을 회피하기 위해 툭하면 안아달라고 할 수도 있어요. 웬만하면 "네가 던진 물건을 제자리에 두고 와. 그런 다음에 안아줄게"라고 말하는 것이 좋지만, 아이가 울고불고 매달릴 때는 쓸데없이 힘겨루기를 하는 대신 먼저 진정시켜주세요. "많이 흥분한 것 같구나. 엄마가 안아줄게"라고요. 아이가 좀 진정이 되면 "기분이 좀 나아진 것 같네. 그럼 이제 물건을 제자리에 갖다놓을 수 있겠다" 하면서 훈육을 마무리하면 됩니다. 아이가 강하게 저항하고 문제행동을 지속한다면 그때는 좀 더 높은 강도의 훈육이 필요하겠지요. ♥

어른이 안 보는 곳에서 잘못된 행동을 해요

• • •

제가 보기에는 순한 딸인데, 사실은 그렇지 않은가 봅니다.
유치원에서도 선생님 앞에서는 바르게 행동하다가 아이들끼리 있을 땐
친구들에게 심한 장난을 친다고 해요. 왜 어른이 안 보이는 곳에서
잘못된 행동을 하는 걸까요? 제 앞에서는 딱히 잘못을 하지 않으니까
아이를 추궁하거나 혼을 내기가 참 애매해요.

어른들이 있을 땐 모범생 같은데 어른들이 없을 때면 제멋대로 행동하는 아이들이 있어요. 어떤 사람들은 이런 아이를 보면서 "어린애가 너무 영악하다"라는 말을 합니다. 하지만 이런 생각을 하는 사람은 어린아이의 능력을 과대평가하는 거예요. 아이가 어른이 없는 곳에서 잘못된 행동을 하는 이유는 어른의 눈을 피하려는 의도가 있다기보다는, 잘못된 행동을 하면 안 되는 이유와 그 행동을 했을 때 발생할 수 있는 결과에 대해 알지 못하기 때문인 경우가 더 많습니다. 또한 아이들은 옳고 그름을 파악하거나 그에 따라 자신의 행동을 스스로 조절할 수 있게 되기까지 꽤 많은 시간을 필요로 합니다.

미취학 아이들은 아직 옳고 그름을 스스로 판단해서 실행할 능력이 부족합니다. 유혹과 좌절을 참아내는 능력도 부족합니다. 미취학 아동은 외부에서 아이의 행동을 조절해줘야 하는 '외적 조절' 단계라고 할 수 있습니다. 부모는 외부에서 아이의 행동을 조절해주는 대표적인 존재가 되겠지요. 교사나 주변 어른들 또한 아이를 조절해 줄 수 있는 사람들입니다.

사회적 규범과 규칙을 이해하고 이에 대한 기준을 자기 안에 갖추어 누가 지시하거나 상벌을 제공하지 않아도 스스로 옳고 그름을 판단하고 행동하는 능력을 '도덕적 내면화'라고 합니다. 이는 만 5~6세 경에 발달하지만, 나이만 들었다고 습득되는 게 아닙니다.

아이가 도덕적인 사람으로 자라는 데 가장 중요한 역할을 하는 것이 '도덕적 자기개념'입니다. 스스로를 도덕적인 사람으로 생각할 때 도덕적 규범과 규칙을 지킬 수 있고 나쁜 행동을 하라는 유혹도 이길 수 있습니다.

그럼 부모가 어떻게 해야 할까요? 다음과 같이 해보길 바랍니다.

1. 먼저 부모 자신의 마음을 추스르며 달래봅니다.

아직 어린아이니 옳고 그름에 대한 판단이 미숙할 수밖에는 없다고 마음을 달래며 아이를 나쁘게 생각하지 않도록 합니다.

2. 아이의 잘못된 행동에 대해서는 '행동'에만 초점을 두어 설명합니다.

이때 아이가 그와 같은 행동을 한 이유에 대해 공감해주면 더욱 좋습니다. "게임에서 이기고 싶었구나. 그래서 6이 아닌데도 6이라고 했구나! 하지만 게임은 규칙에 따라 해야 한단다. 이 게임은 주사위에 나온 숫자 그대로 따라야 하는 게 가장 중요한 규칙이야!"

3. 평소에 아이의 바람직한 행동에 대해서는 '인성'에 초점을 두어 칭찬합니다.

"친구와 간식을 나눠먹는구나. 너는 정말 마음씨가 따뜻한 아이구나", "게임 규칙을 잘 지키는구나. 넌 정말 정직하구나!", "게임에서 져서 속상하지만 참고 있구나. 넌 정말 참을성이 많구나!"

하면 안 되는 행동은 안 되는 이유를 분명하게 말해주며 제한해야 하고, 그럼에도 아이가 그 행동을 했다면 이에 대한 대가도 치르도록 해야 합니다. 규칙을 어기면 불이익을 겪어야 한다는 사실을 확실히 알게 해줘야 하는 것이지요. 어떤 부모는 규칙을 정해놓고도 아이가 규칙을 위반했을 때 아무런 조치를 취하지 않습니다. 그러면 아이는 부모의 말을 듣지 않을 것입니다.

아이들이 옳고 그름을 판단하며 참을성을 기르려면 주위에 좋은 어른이 있어야 합니다. 옳고 그른 행동의 기준을 일관성 있게 알려주는 어른이어야 하겠지요. 또한 아이가 그 지도에 따라 적절히 행동했을 때 칭찬을 많이 해줘야 합니다. 그래야 좋은 행동이 갖는 가치에 대해 알게 될 테니까요. 어른들 스스로가 좋은 행동의 모델이 되어주는 것도 무척 중요하지요. 이렇게 보고 배운 것들이 아이의 내면에 자리 잡게 되었을 때, 아이는 어른이 지켜보고 있지 않아도 자신의 내면의 소리, 즉 양심에 따라 올바른 행동을 하게 될 것입니다. ♥

남자아이라 그런지 거친 행동을 해요

• • •

어린이집에 다니는 아이가 친구와 싸우고 왔습니다. 평소에도
다른 아이와 다툼이 생기면 참지 않고 덤벼들어요. 위험하거나 거친
행동을 할 때도 많고요. 부모님은 남자아이니까 그런 거라며 괜찮다고
하십니다. 저희 아이들만 봐도 딸보다는 아들이 공격적인
편인 것 같아요. 그냥 성별의 차이인 걸까요?

공격적인 성향은 남성호르몬인 테스토스테론과 관계가 있습니
다. 테스토스테론은 용기와 자신감을 불러일으키는 호르몬으로, 여
성에게도 분비가 됩니다. 하지만 성인 여성과 성인 남성에게 분비되
는 테스토스테론의 양은 무려 열 배나 차이가 나지요. 같은 남성 중
에서도 폭력적인 범죄를 저지른 남성들은 사기 전과와 같은 비폭력
적인 범죄를 저지른 남성들에 비해 더 높은 테스토스테론 수치를 보
인다고 합니다. 이런 결과로 미루어볼 때, 테스토스테론이 공격적인
성향에 영향을 미친다는 사실은 의심의 여지가 없겠지요.

그렇다면 아이들의 경우는 어떨까요? 결론부터 말하자면 30개

월 이전에는 성별에 따른 공격성의 차이가 그다지 눈에 띄지 않습니다. 남성의 고환은 엄마의 배 속에서부터, 정확히 말하자면 임신 10주경부터 테스토스테론을 합성하기 시작하지만, 생후 30개월 이전의 남자 아기가 같은 개월 수의 여자 아기보다 거칠게 행동한다는 증거는 찾기 어렵습니다.

심지어 돌 무렵 영아들을 관찰한 한 연구에 따르면 여자아이들이 남자아이들보다 거칠게 행동하는 모습을 더욱 많이 보였다고 합니다. 장난감을 갖고 노는 상황에서 남자아이들에 비해 강압적이고 공격적인 방식으로 문제를 해결했던 것이지요. 두 돌 아이들의 집단에서도 유사한 현상이 목격되었는데요, 장난감이 부족할 때 남자아이들은 그것을 빼앗기보다는 협상을 하거나 공유하는 빈도가 높았습니다.

그런데 만 3세 무렵이 되면 여아들에 비해 남아들의 거친 행동이 두드러지기 시작해요. 많은 연구자는 그 이유를 사회적 경험의 차이로 해석합니다. 부모와 사회는 남자아이가 공격적인 방식으로 행동하는 것을 묵인하거나 혹은 조장하지요. 반대로 여자아이의 공격적 행동에는 당황하거나 비난하는 경우가 많습니다.

물론 여자아이라고 해서 공격성이 없는 것은 아닙니다. 자신을 불쾌하게 하거나 자신의 목적을 방해하는 사람이 있을 때 남자아이들은 그들을 때리거나 모욕을 주는 등 직접적으로 공격합니다. 이와 달리 여자아이들은 좀 더 은밀하고 간접적인 방식으로 공격을 하지요. 여아들은 남아들에 비해 사회적 관계를 중요하게 여기는데, 이 때문에 공격을 할 때도 상대방의 사회적 관계에 타격을 주는 '관계적 공격' 방식을 선호해요. 갈등을 겪는 친구가 있다면 때리기보다는 따돌리는 식입니다. 만 3~4세 아이들도 그렇습니다.

성별과 방식을 떠나 아이의 공격성은 분명 훈육이 필요한 부분입니다. 또래와 갈등이 생기거나 다툴 수는 있지만, 폭력을 사용해선 안 된다는 점을 가르쳐야 합니다. 친구를 따돌리는 공격 또한 마찬가지입니다. 그런 방식으로는 아무것도 해결할 수 없음을 알려주고, 아이가 폭력적인 행동을 보일 때면 즉시 저지하세요. 부모 또한 아이에게 폭력적인 모습을 보여서는 안 되겠지요. 폭력이 아닌 방식으로도 충분히 문제를 해결할 수 있음을 아이가 경험하도록 해주어야 할 것입니다. 🖤

막무가내로 드러눕는 아이,
어떻게 하죠?

• • •

어떤 훈육법이든 아이에게 잘 통하지 않아요. 아이가 떼를 너무
심하게 쓰거든요. 제가 무슨 말을 해도 듣지 않고, 가끔은 그냥 자리에
드러누워 발을 구릅니다. 손바닥으로 바닥을 막 치기도 해요.
이럴 땐 저도 어찌해야 할지 모르겠어요.

아이가 막무가내로 떼를 쓰면 부모는 참 막막해집니다. 그냥 놔
두라는 사람도 있지만, 그저 팔짱만 끼고 쳐다볼 수는 없지요. 아이
가 그 정도로 심하게 떼를 쓸 때는 지켜보는 부모도 난감하지만, 아
이 역시 고통스러울 거예요. 아이를 위해서라도 진정시키려는 노력
이 필요합니다. 이때 사용할 수 있는 방법이 바로 '타임아웃'입니다.

타임아웃은 우리나라에서 흔히 '생각하는 의자'로 불려요. 굉장
히 효과적인 훈육법이지만, 잘 활용해야 합니다. 아이가 문제행동을
했을 때 곧바로 생각하는 의자에 가게 하면 안 돼요. 먼저 아이가 잘
못된 행동을 바로잡을 기회를 줘야 합니다. 잘못된 행동을 하면 안

된다는 사실을 알려주고, 또 하면 타임아웃을 받게 될 것이라고 경고를 해야 해요. 그럼에도 불구하고 그 행동을 반복한다면 경고한 대로 아이를 타임아웃 장소에 데려갑니다.

타임아웃 장소로는 방이나 거실의 외진 구석이 적합합니다. 위험한 물건이 없는 방이라면 아이를 혼자 있게 할 수도 있어요. 하지만 너무 어둡거나 좁은 공간은 아이에게 공포심을 유발할 수 있으므로 피하는 것이 좋습니다. 타임아웃 시간은 아이의 나이에 1분이나 2분을 곱한 정도가 적당해요. 가벼운 잘못이나 잘못된 행동을 했을 때는 1분, 심한 문제행동이라면 2분을 곱합니다. 따라서 다섯 살 미만의 아이라면 10분이 넘지 않도록 해야겠지요.

타임아웃이 진행되는 동안에는 아무도 아이에게 말을 걸지 않아야 합니다. 가끔 형제들이 지나가면서 아이를 놀리기도 하는데, 이렇게 되면 아이를 진정시키는 효과가 하나도 없어요. 할머니와 할아버지가 아이를 안타까워하며 말을 거는 것도 좋지 않습니다.

타임아웃은 일종의 고립이에요. 사람에게는 기본적으로 소속에 대한 욕구가 있는데, 고립을 통해 이런 소속감을 잠시 박탈하는 거지요. 아이는 자기가 적절한 행동을 하지 않으면 사회 혹은 집단에 소속되기가 어려울 수 있다는 사실을 인식하게 됩니다. 그렇다고 아이를 냉랭하게 쳐다보거나 투명인간 취급할 필요는 없어요. 다만 불필요하거나 부적절한 관심은 보여주지 않아야 합니다. 아이가 타임아웃 시간 동안 자신의 행동을 들여다볼 수 있도록 해야 하지요.

타임아웃 시간은 타이머로 맞춰놓는 것이 좋아요. 타이머가 울리면 아이에게 다가가세요. 아이가 어떤 행동을 했는지 간략하게 말해주고, 또다시 그런 행동을 하면 안 된다고 이야기해줍니다. 그 이유도 설명해주세요. 아이가 반성하는 모습을 보이면 안아주고, 다시 기분 좋은 일상으로 돌아오면 됩니다. 어떤 아이는 엄마가 다가가면 발길질을 하거나 강하게 저항하면서 다시 문제행동을 보입니다. 그러면 이때부터 다시 타임아웃에 들어가도록 하세요.

처음 타임아웃을 시도하면 생각보다 오래 걸릴 수 있어요. 아이가 잘못된 행동을 반복해서 타임아웃 시간이 연장되는 경우가 종종 있습니다. 따라서 시간을 넉넉하게 잡는 편이 좋아요. 타임아웃 시간을 짧게 하고 다시 으름장을 놓으면서 아이를 위협하면 훈육이 흐지부지 끝나게 됩니다.

타임아웃을 적용할 때 주의해야 할 점이 있습니다. 부모가 너무 감정적으로 흥분한 모습을 보이면 안 된다는 것입니다. 핏대를 세우며 감정적인 말을 늘어놓을 경우, 아이는 자신이 한 행동 때문에 벌을 받는다고 생각하기보다는 부모가 화가 나서 벌을 주려 한다고 생각할 수 있어요. 그러면 벌을 받은 뒤에도 자신의 잘못을 깨닫는 것이 아니라 오히려 부모를 원망하겠지요. 타임아웃 시간이 끝나지 않았는데 아이가 잘못했다고 반성하거나 싹싹 빈다고 해서 풀어주는 것도 옳지 못합니다. 말로만 잘못했다고 하면서 그 순간을 모면하고는 곧 다시 문제행동을 할 수도 있기 때문입니다.

나이가 너무 어리거나 충동성이 높은 아이들에게는 타임아웃을 시도하기가 어렵습니다. 타임아웃 진행 중에 벽에 머리를 부딪친다거나 의자를 쿵쿵 굴리는 등 과격한 행동을 계속할 수도 있어요. 이런 때는 우선 아이가 공격적인 행동을 하지 못하도록 막아야 합니다. 이 과정에서 신체적인 압박을 가해야 할 수도 있어요.

세 살짜리 아이가 떼를 부리며 엄마에게 발길질을 할 경우, 엄마는 아이의 마음을 헤아려주며 때리면 안 된다고 말합니다. 하지만 대부분의 아이들은 쉽게 그치지 않고 계속 소리를 지르며 발길질을 하지요. 단순히 발을 버둥거리고 징징거릴 때는 마음을 헤아려주고 아이의 관심을 다른 곳으로 전환시키는 것이 가장 좋습니다. 하지만 그런 방법이 아이에게 먹히지 않고 아이가 계속 발로 주변의 물건을 걸어차거나 엄마를 쫓아다니며 때린다면 더 이상 그런 행동을 하지 못하도록 몸을 감싸 안아야 합니다. 살짝 안으면 아이가 계속 버둥거리기 때문에 약간 조이는 느낌이 들 정도로 껴안아야 해요. 되도록 말을 하지 않고, 그저 아이의 등이나 엉덩이를 부드럽게 토닥거리며 쓰다듬어주는 것이 좋습니다.

　그러면 힘이 잔뜩 들어가 있던 아이의 몸은 어느새 부드러워질 거예요. 이때 아이를 조였던 힘을 풀면서 편하게 안아주는 자세로 바꾸고 "이제 기분이 좀 나아졌어? 아까는 많이 속상했구나. 그래도 이렇게 잘 참았네. 더 이상 울지도 않고 너무 기특하다" 하고 말해주세요. 아이를 훈육할 때는 아이의 잘못된 행동이 아니라 아이가 잘못을 뉘우치고 적절히 행동할 수 있도록 이끌어주는 데 초점을 맞춰야 함을 꼭 기억했으면 합니다. ♥

자기가 원하는 대로 되지 않으면 폭력을 써요

• • •

원하는 걸 들어주지 않으면 엄마 아빠를 자꾸 때리려 해요.
부모뿐 아니라 다른 어른들에게도 곧잘 손발이 나갑니다. 그러면 안 된다고
말해도 나아지는 것 같지 않아요. 어떻게 훈육하면 좋을까요?

어린아이들이 다른 사람을 때릴 때 항상 나쁜 의도가 있는 것은 아닙니다. 하지만 공격하려는 의도가 없다고 해도 때리는 것은 분명 공격적인 행동이에요. 아이가 어릴 때부터 공격적인 행동은 어떤 상황에서도 용납되지 않는다는 점을 분명히 해두어야 합니다.

세 돌 이전의 아이들이 공격적인 행동을 하는 것은 흔한 일이에요. 언어발달이 미숙하기 때문이지요. 언어가 발달하면 자신의 생각과 감정을 말로 표현할 수 있고, 이에 따라 공격적인 행동 또한 줄어듭니다. 그런데 말을 잘하는데도 불구하고 사람을 때리는 행동을 계속하는 아이들이 있어요. 잘 살펴보면 일상적인 말은 잘하지만 자기

표현과 관계된 말은 그렇지 못한 경우가 참 많습니다. 자신의 부정적인 감정을 적절한 단어를 사용해 표현하는 데 서툰 거예요. 언어와 공격성은 이처럼 밀접한 관련이 있습니다.

부모를 때리는 아이의 행동은 당연히 제지해야 합니다. 하지만 더욱 중요한 것은 그런 행동이 반복되지 않도록 하는 것입니다. 그러려면 아이가 자신의 감정을 말로 표현할 수 있게끔 지도해야 하겠지요.

아이가 때릴 때는 우선 맞지 않는 게 가장 중요해요. 이미 맞고 때리는 일이 벌어지면 때린 아이나 맞은 부모나 모두 기분이 상하게 되니까요. 아이가 때리려는 행동을 하면 얼른 손이나 몸을 잡은 뒤에 잠시 심호흡을 하며 마음을 가라앉히세요. 그런 다음 아이의 마음을 헤아려줍니다. "갖고 싶은 게 있는데 사지 못해서 그러는구나"라는 식으로요.

엄마 아빠가 자기 마음을 알아주는데도 아이가 몸을 격렬하게 움직이며 때리려고 한다면 몸을 좀 더 단단히 잡고 부드럽지만 단호한 어조로 말해주세요.

"다른 사람을 때리면 안 돼! 그럼 아프고 다칠 수도 있거든."

그런 뒤에 아이에게 무슨 일 때문인지, 그 일로 인해 어떤 마음이 들었는지 이야기해보라고 해야 합니다. 꾸준히 연습한다면 아이도 충분히 할 수 있습니다.

부정적인 감정을 다루는 일은 어른에게도 쉽지 않아요. 부모 역시 짜증이나 화가 났을 때 그 감정을 있는 그대로 표출하기보다는 다른 방식으로 표현할 수 있어야 합니다. 이런 연습은 아이에게 좋은 본보기가 되는 것은 물론, 스스로에게도 도움이 될 거예요. 🖤

아무리 혼내도 문제행동을 반복해요

• • •

아이를 아무리 혼내도 나아진다는 느낌이 들지 않아요.
잘못된 행동을 하고 또 해요. 저도 그저 아이를 혼내기만 하는 게
마음에 걸립니다. 어떤 식으로 훈육을 해야 아이를
잘 이끌어줄 수 있을지 모르겠어요.

그동안 훈육은 야단과 처벌의 동의어처럼 사용되어왔습니다. 하지만 저는 긍정적 훈육법을 권해드리고 싶어요. 긍정적 훈육법에는 여러 가지가 있는데, 그중 하나가 '칭찬과 보상'입니다. '칭찬 노트'와 '토큰 경제'를 이용해 아이가 보다 적절한 행동을 할 수 있도록 지도해보세요.

칭찬은 고래도 춤추게 한다는 말이 있습니다. 칭찬이 가진 효과는 그야말로 강력합니다. 평소 부모의 말을 듣지 않아 자주 야단을 맞고 지적을 받았던 아이는 자기도 모르게 '나는 나쁜 아이야'라는 부정적인 자아상을 갖게 됩니다. 그래서 스스로 바람직한 행동을 하

려고 노력하지 않아요.

'엄마 아빠는 내가 착한 행동을 해도 알아주지 않을 거야'라는 식으로 부모에 대해 부정적인 기대를 가진 아이들 또한 착한 행동을 하려 들지 않습니다. 알아주지도 않는 일을 하기가 귀찮고 번거로운 거예요. 반면 평소에 칭찬을 자주 받은 아이는 자신에 대해 좋은 아이라거나 도덕적인 아이라는 느낌을 갖고 있기 때문에 누가 시키거나 보상을 해주지 않아도 스스로 좋은 행동을 하려고 애쓰게 됩니다.

먼저 칭찬 노트를 활용하는 방법입니다.

1. 작은 노트를 준비하세요.

2. 아이의 사소한 행동이라고 칭찬할 거리가 있다고 생각되면 노트에 적어두세요. 예를 들어 엄마가 양손에 짐을 들고 있을 때 아이가 엘리베이터 버튼을 눌렀다면 다음과 같이 적습니다.

"엄마가 엘리베이터 버튼을 누를 수 없을 때 대신 눌러줘서 엄마에게 도움이 됐어. 고마워."

3. 질보다 양이 중요합니다. 아주 사소한 행동이라도 상관없으니 아이가 노트를 봤을 때 '내가 생각보다 오늘 좋은 행동을 많이 했군. 엄마는 이런 것까지 다 기억하네!'라고 느낄 수 있으면 됩니다. 가족 내의 성인이 기록에 참여해준다면 칭찬 목록은 더욱 늘

어날 것입니다.

4. 잠자리 의식을 하기 전에 칭찬 노트를 꺼내 아이에게 들려줍니다. 사랑이 가득한 눈, 정말 자랑스럽다는 표정으로 아이를 쳐다보며 머리를 쓰다듬어주는 것도 좋습니다.

5. 이러한 칭찬 노트는 적어도 2주 이상 지속하도록 하세요.

6. 칭찬 노트의 부작용으로는 아이가 흥분해서 잠을 청하는 데 어려움이 있을 수도 있다는 것입니다. 특히 첫날 이런 모습을 많이 보입니다. 하지만 곧 나아질 테니 염려하지 않아도 됩니다.

7. 또 다른 부작용은 아이가 "엄마, 나 방 정리했는데?"라는 식으로 자신이 좋은 일을 했다고 생각할 때마다 엄마를 부른다는 것입니다. 아이가 이런 행동을 많이 한다면 짜증을 내기보다는 안쓰럽게 생각해주세요. 그동안 칭찬에 굶주려 있었을지도 모르니까요. "아, 그랬구나! 엄마가 잊지 말고 칭찬 노트에 적어놔야겠다"라고 반응해주세요.

칭찬 노트는 그동안 많은 사람에 의해 그 효과가 분명하게 입증되었습니다. 그리 어렵지 않으면서도 효과가 크니 가성비 좋은 훈육법이라 할 수 있겠지요. 오늘 당장 실천해보기를 권합니다.

칭찬만으로 아이가 문제행동을 고치지 못한다면 좀 더 강력한

동기부여 프로그램을 시행할 필요가 있습니다. 저는 '토큰 경제'를 추천합니다. 이 방법은 사실 여러분들이 다 시도해보았던 것입니다. 칭찬스티커를 모아 선물을 주는 것도 여기에 해당하지요. 잘만 사용한다면 아주 강력한 효과를 볼 수 있는 방법입니다.

토큰 경제를 사용할 때는 목표행동을 정해야 합니다. 아이가 했으면 하는 행동이나 고쳤으면 하는 행동을 정해서 그것을 하거나 하지 않았을 때 스티커, 점수, 포커 칩 같은 것으로 기록해두고 이를 정산해 보상을 받게 하는 것입니다. 성공률을 높이려면 처음에는 목표행동을 한 가지만 정하는 것이 좋습니다. 아이가 토큰 경제에 익숙해지면 목표행동을 점차 늘리고, 한번에 다섯 가지 이상은 하지 않도록 하세요.

토큰 경제를 활용하는 방법은 다음과 같습니다.

1. 스티커나 플라스틱 포커 칩을 구입하세요.
2. 아이에게 여태까지는 착한 일을 했을 때 충분히 상을 주지 못했음을 설명하고, 앞으로는 그렇지 않을 것이라고 이야기합니다. 상을 받는 방법을 새롭게 정해서 스티커 또는 칩을 모으면 좋은 일이 있을 거라고 가르쳐주는 거예요.
3. 아이와 함께 스티커 판(스티커를 붙여 모아놓을 판)이나 포커

칩을 보관할 수 있는 저금통을 만듭니다. 스티커 판이나 저금통을 재미있게 장식해보세요.

4. 아이에게 어떤 행동을 하면 스티커나 칩을 받을 수 있는지 설명해주세요. 예를 들어 아이가 밥을 먹을 때마다 돌아다닌다면 '식사 시간이 끝날 때까지 제자리에 앉아 있기', 동생을 자주 때린다면 '동생 때리지 않기' 등으로 정합니다.

5. 이제 아이가 스티커나 칩으로 얻을 수 있는 특권의 목록을 만들어야 합니다. 이 특권들에는 특별활동(영화 구경, 놀이동산 가기, 장난감 사기)뿐 아니라 일상적인 것(텔레비전 시청, 컴퓨터 게임, 자전거 타기, 친구 초대하기)도 포함합니다. 5~10개 사이로 만드세요. 특별한 보상을 얻기 위해서는 아이가 더 많은 스티커나 칩을 얻어야 할 것입니다.

6. 아이가 하루에 몇 번 정도 스티커나 칩을 얻을 수 있을지 생각해보고, 너무 어렵지 않게 보상을 받을 수 있도록 하세요. 하루에 적어도 스티커나 칩 한 개는 주어져야 합니다.

7. 보너스 제도도 도입하세요. 아이가 기분 좋게, 빠르게, 혹은 어려운 상황에서 목표행동을 해내면 '보너스'를 얻을 수 있다고 말해주세요. 이런 보너스는 항상 주는 게 아니라 아이가 아주 특별히 기분 좋게, 그리고 신속히 했을 때만 주는 것입니다.

8. 스티커나 칩은 약속한 그 일을 한 번에 시도했을 때, 혹은 정해진 시간 내에 했을 때만 주어지는 것이라고 아이에게 이야기합니다. 만일 부모가 지시를 반복했다거나 정해진 시간 내에 하지 못했다면 비록 후에 아이가 지시를 따랐더라도 스티커나 칩은 받지 못하게 될 것입니다.

"말을 잘 듣는다고 상을 주면 아이가 물질만능주의에 빠지지 않을까요?"

"보상을 자꾸 요구하면 어쩌죠?"

"보상을 안 해주면 목표행동을 안 하려고 하지 않을까요?"

많은 사람이 토큰 경제에 대해 이런 걱정을 합니다. 아이가 목표 행동을 할 때마다 별다른 말을 하지 않고 상만 준다면 아이는 그저 물질적 보상만 바라고 그 행동을 하게 될 수도 있습니다. 목표행동이 바른 것이라서, 혹은 스스로 우러나와서 하는 게 아닌 것이지요. 따라서 부모는 아이가 목표행동을 할 때마다 자신이 좋은 사람이라고 느낄 수 있도록 만들어주어야 합니다. 말없이 스티커를 주는 게 아니라 "돌아다니지 않고 식탁에 앉아서 먹기로 한 약속을 잘 지켰구나. 너는 정말 약속을 잘 지키는 아이야"라고 이야기해주는 거예요. 스스로를 좋은 사람이라고 느끼는 아이는 누가 뭐라고 하지 않아도 좋은 행동을 하게 됩니다. 처음에는 보상을 얻기 위해 바른 행동을 시작했던 아이도 긍정적인 자아상을 갖게 되면 보상이 주어지지 않을 때 역시 바른 행동을 하게 될 것입니다. ❤

밖에만 나가면 말을 안 들어요

• • •

집에서는 말을 잘 듣는 아이에요. 특히 저랑 둘이 있으면
문제행동을 하지 않는데, 가족이 다 같이 있을 때, 밖에 나가거나
친척을 방문할 때는 유난히 말을 안 듣습니다. 일부러 그러는 것 같아서
저도 화가 나요. 이럴 땐 어떻게 해야 할까요?

아이도 눈치가 있어요. 엄마 혹은 아빠와 단둘이 있을 때는 크게
혼날 수도 있을 거라는 생각에 말을 잘 듣는 것일 수도 있고, 아이 혼
자 있기 때문에 문제행동을 할 만한 요소가 적기도 하겠지요. 반면
사람이 많고 구경거리도 많은 바깥에서는 아이가 산만해지기 쉽습
니다. 여러 갈등 상황에 노출될 기회도 그만큼 많아져요.

부모의 태도가 원인이 되기도 합니다. 집에서는 다른 사람의 눈
치를 보거나 체면을 차릴 필요가 없지만, 밖에서는 아무래도 주변 시
선을 의식하게 될 수밖에 없어요. 그러다 보니 아이의 잘못된 행동에
대해 훈육을 해야 할 타이밍을 놓치기도 하고, 작은 소리로 "이따 집

에 가서 보자!"라고 으름장을 놓는 선에서 끝낼 때도 많습니다.

어린아이들은 부모의 으름장에도 별로 달라지지 않아요. 그야말로 '지금 현재'만을 사는 존재이기 때문에 미래에 일어날 일은 신경 쓰지 않거든요. 집으로 돌아가서 야단을 맞으면 '아까 내가 왜 그랬지?' 하고 후회를 할지도 모르지만, 당장은 원하는 대로 하고 싶어 합니다. 물론 모든 아이들이 그러는 것은 아니에요. 오히려 집에서는 왕처럼 굴다가 밖에서는 조신하게 행동하는 아이들도 있습니다. 대부분 기질의 차이 때문에 일어나는 일이에요.

그렇다면 집밖에서 문제행동을 하는 아이는 어떻게 다뤄야 할까요? 공공장소에서의 훈육법이라고 해서 가정에서의 훈육법과 크게 다르지는 않습니다. 육아에 있어 일관성은 매우 중요한 요소이기 때문에 상황에 따라 훈육법이 바뀌는 것은 아이에게 좋지 않아요. 따라서 가정에서의 훈육법을 공공장소의 특성에 맞게 조금 조정하는 것이 가장 좋습니다. 앞서 '타임아웃(p.186)'과 '토큰 경제(p.197)'에 대해 설명했는데요, 공공장소에서의 훈육도 이 방법을 적용하면 됩니다.

아이가 주의를 주어도 자꾸 어기는 특정 행동이 있다면 외출하기 전에 이 부분에 대해 이야기를 나눕니다. 규칙을 명확하게 말해주는 것이 1단계예요. 예를 들어 "오늘 우리는 마트에 갈 거야. 먹을거리와

집에 필요한 물건들을 살 거야. 저녁도 먹을 거고. 하지만 장난감은 사지 않을 거야. 그러니 장난감을 사달라고 떼를 쓰지는 마. 그게 오늘의 규칙이야"라고 말하는 것이지요. 2단계로 아이가 규칙을 잘 지켰을 때 제공할 보상, 그리고 어겼을 때 받게 될 벌을 제시합니다.

"장난감 코너에서 장난감을 구경할 수는 있어. 하지만 오늘은 장난감을 살 수는 없어. 사달라고 떼쓰지 않으면 스티커 북에 스티커를 두 개 붙여줄 거야. 만일 규칙을 어기면 그동안 모았던 스티커 중에 두 개를 빼게 될 거야. 물론 장난감도 살 수 없고, 진정될 때까지 생각하는 자리에 있어야 해."

이렇게 이야기하면 대부분의 아이들은 받아들입니다. 물론 장난감 코너에서 장난감을 보면 생각이 달라질 수는 있지만요. 만일 아이가 여느 때처럼 장난감을 사달라고 떼를 쓴다면 다시 한번 규칙을 상기시키고 "셋을 셀 동안 계속 떼를 쓰면 아까 말했던 벌칙을 받게 될 거야"라고 말해주세요. 차분히 셋을 센 후, 생각하는 자리로 아이를 이동시킵니다. 공공장소에서는 사람들의 왕래가 적은 곳을 생각하는 자리로 정해야 해요. 계단이나 복도의 구석, 화장실, 건물의 외벽 등이 좋습니다. 공공장소에 가게 되면 만일의 사태에 대비해 주변을 재빨리 탐색해서 '생각하는 자리'를 봐둘 필요가 있겠지요.

생각하는 자리에서는 타임아웃 훈육법을 이용하면 됩니다. 다만 외부인 점을 감안해 30초 정도로 타임아웃 시간을 조정하는 것이 좋아요. 아이가 최소한의 벌을 받고 잠시 조용히 한 다음, 규칙에 순종하겠다고 하면 타임아웃은 종료됩니다.

공공장소에서의 훈육은 아이와 부모 모두에게 불편과 불쾌감을 줍니다. 되도록 그런 일이 일어나지 않으면 좋을 거예요. 이를 위해서는 아이가 문제행동을 할 기회를 만들지 않도록 미리 애써야 합니다. 마트에서는 아이가 가만히 엄마만 쫓아다니기를 바라기보다는 아이에게 할 일을 주거나 책임을 부과해서 바쁘게 만드는 편이 좋아요. 주어진 일을 하다 보면 쓸데없는 일은 덜하게 되니까요.

"엄마가 ○○ 라면을 살 거야. 근처에 있을 텐데 어디에 있는지 좀 찾아줄래?"라고 하면 어떨까요? 사야 할 물건 목록을 적어 아이가 들게 한 다음, 무슨 물건을 살 차례인지 말해달라고 하거나 이미 산 물건을 목록에서 지워달라고 부탁해도 됩니다. 어린아이들은 자기가 뭔가 중요한 일을 한다고 생각하면 뿌듯해하면서 책임감을 갖습니다.

시간이 날 때마다 아이의 행동을 칭찬하거나 격려해주는 것도 잊지 마세요. 아이들은 참을성이 좋지 않다 보니 부모의 말을 따르다가도 지루해지면 다시 일을 저지르곤 합니다. 5분에서 10분 간격으로 "와, 규칙을 잘 지키고 있구나! 뛰면 안 된다고 했더니 차분하게 잘 걸어다니네"라는 식으로 아이를 칭찬해주세요. 토큰 경제를 사용하고 있다면 아이에게 보너스 칩을 주는 것도 좋겠지요.

　이런 방법이 모두 통하지 않을 수도 있습니다. 아이가 집에서보다 유난히 밖에서 부모의 말을 듣지 않고 계속해서 말썽을 부린다면 부모에게 수치심을 주려는 것이 목적일 수 있습니다. 이런 경우에는 평소 부모와 자녀의 관계에 문제가 있을 가능성이 크므로 전문가의 평가와 도움을 꼭 받을 것을 권합니다. 🖤

한마디도 안 지고 말대꾸를 해요

• • •

아이가 텔레비전을 너무 오래 보기에 이제 그만 보라고 했더니
"엄마는 맨날 보면서 왜 나만 못 보게 해?"라고 하더라고요.
"언제 엄마가 맨날 봤어? 그리고 너랑 나랑 똑같아?"라니까
"엄마랑 나랑 뭐가 다른데? 똑같은 사람이잖아"라고 대꾸했어요.
평소에도 무슨 말을 하면 한마디도 그냥 듣지 않고 대꾸를 합니다.
그러니까 훈육도 제대로 할 수가 없어요. 대체 어떻게 해야 할까요?

아이의 계속되는 말대꾸에 말문이 막히는 경험을 해봤을 거예
요. 대개 이런 논쟁에서 부모는 둘 중 한 가지 태도를 취합니다. 버럭
화를 내서 아이가 입을 닫게 만들거나 "너랑 상대하는 내가 잘못이
지!" 하면서 피해버리는 경우지요. 그런데 이 두 가지 모두 아이의 버
릇을 고치는 데는 별반 도움이 되지 않습니다.

화를 버럭 내며 힘으로 자기를 제압하는 부모에게 아이는 깐죽
거리며 말대꾸를 합니다. 물리적은 힘으로는 이길 수 없으니 부모의
심기를 흐트러뜨리는 방식으로 자신의 힘을 과시하려 하는 거예요.
더 강력한 부모에게 제압당하더라도 얼마간은 부모의 마음을 흔들

어놓았다는 것에 나름 만족하며 계속 그 방법을 이어나가게 되지요.

부모가 관두자고 하면서 물러서는 경우도 마찬가지입니다. 이런 일이 반복되면 자신에게 부모를 이길 수 있는 힘이 있다고 생각해 더욱 집요하게 말대꾸를 하게 돼요. 그렇게 함으로써 자기가 원하는 걸 얻을 수 있는 만큼 말대꾸를 매우 중요한 욕구 충족 수단으로 삼게 됩니다. 말대꾸로 힘의 욕구를 충족하는 것이니 아이가 말대꾸를 계속 할 수 없게끔 해야 하겠지요. 즉 일일이 아이의 말에 대꾸하며 소모적인 논쟁을 지속하지 말아야 합니다.

아이의 말에 감정적으로 반응하고 같은 방식으로 대응하면 오히려 아이가 원하는 대로 끌려가게 되는 셈이에요. 아이가 자신의 생각이나 감정을 바르게 표현할 수 있도록 해주세요. 텔레비전을 더 보고 싶은 마음, 더 이상 볼 수 없어 화가 나고 속상한 마음은 인정해주되 그런 마음을 엄마에게 말로 표현할 수 있게끔 해주세요. 또한 "너랑 나랑 똑같아?"라고 화를 내며 감정 소모를 하기보다는 왜 텔레비전을 그만 봤으면 좋겠는지 이야기하는 것이 좋겠지요.

다만 이때 길게 잔소리를 늘어놓는 대신 아이의 주의를 집중시킨 다음 간결하고 명료하게 말해주어야 합니다. 말대꾸를 많이 하는 아이의 부모를 살펴보면 잔소리가 잦거나 말로 아이를 지적하고 비난하는 경우가 많아요. 어찌 보면 아이의 말대꾸는 부모의 언어습관을 배운 것일지도 모릅니다. 아이의 잘못된 행동을 지적하기에 앞서 혹시 아이에게 잘못된 모습을 보여준 것은 아닌지 스스로를 되돌아 볼 필요도 있습니다. ♥

자꾸 징징대는 아이, 어떻게 버릇을 고칠까요?

• • •

> 39개월 된 딸아이가 잘 놀다가도 갑자기 징징댈 때가 많습니다.
> 예전에는 어리다는 이유로 받아주었지만 요즘은 "이제 언니니까 울지
> 않고 말할 수 있어. 울지 말고 똑바로 이야기해봐"라고 해요.
> 그런데 얼마 전 아이와 놀이를 하던 중에 제가 아이 역할을 맡아 우는
> 척을 했더니 아이가 순식간에 싸늘한 표정을 지으면서 "우는 거
> 아니야!"라고 무섭게 말하더군요. 아이의 버릇을 고치려고 나름
> 노력해왔는데 제 훈육 방식이 뭔가 잘못된 걸까요?

많은 부모가 아이가 징징거리는 행동에 대해 이런 고민을 합니다. 호되게 훈육을 해서라도 고쳐야 할지, 아니면 계속 받아주는 게 옳은지 잘 모르겠다고 하세요. 공격적인 행동은 단호하게 제한해야 하지만, 짜증을 내거나 보채는 행동은 벌을 주기가 어렵지요. 그렇다고 받아주기만 하면 버릇이 나아지지 않습니다. 이런 경우, 징징대는 행동은 무시하되 대안 행동을 알려주고 연습시키는 방식으로 가야 해요. 좀 더 구체적으로 살펴봅시다.

아이가 징징대면 많은 부모가 "울지 말고 똑바로 말해!", "예쁘게 말해야지!"라는 식으로 반응합니다. 그런데 이런 말은 아이들에게

매우 모호하게 들려요. 특히 미취학 아동이라면 '똑바로 말한다는 게 뭐지?', '어떻게 말해야 예쁘게 말하는 거지?'라고 생각할 수 있어요. 너무 추상적인 말이라서 부모가 시키는 대로 하지 못하고 그냥 계속 징징거릴 때가 많지요.

또한 미취학 아동들은 일단 자신이 처한 상황에만 주목하는 경향이 높아요. 욕구가 좌절되는 상황에서는 오로지 그 욕구가 '충족될 수 있는지'에만 집중하게 됩니다. 블록이 망가져서 속상한데 엄마는 자꾸 예쁘게 말하라고만 하니까 아이는 들은 둥 마는 둥 하겠지요. 엄마 말을 들었어도 '엄마는 내가 왜 속상한지 모르는구나'라는 생각에 계속 자기 얘기만 하며 징징댑니다. 엄마가 블록에 대해 관심을 보이며 이에 대해 말을 해야 비로소 대화가 이어지고, 엄마 말을 좀 더 귀 기울여 들을 수 있게 됩니다.

아이들의 이러한 특성을 고려해서 '착하게', '예쁘게', '똑바로' 말하라고 하는 대신 어떤 것이 예쁘게 말하는 것인지를 보여주세요. 그리고 아이의 욕구가 해결될 수 있도록 돕는 역할을 하세요. 이를 위해서는 먼저 아이가 징징거릴 때 징징대는 표현방식에 대해서는 별다른 반응을 보이지 말아야 합니다. 징징대는 행동에 부모가 많은 관심을 보이거나 질책을 하게 되면 오히려 그러한 행동이 더욱 강화될 수도 있습니다.

아이가 "이게 안 되잖아! 아이, 씨!"라고 할 때 "씨가 뭐야? 예쁘게 말해!"라고 하기보다는 아이가 한 말의 내용, 그리고 그 속에 들어 있는 감정에 주목해서 반응해주세요. "탑을 뾰족하게 만들고 싶은데, 종이가 잘 붙지 않는구나. 그래서 속상하구나!" 부모가 인상을 찌푸리지 않고 화내지 않으면서 자신의 마음을 알아준다고 느낄 때 아이도 보다 빨리 평안을 찾게 됩니다. 그리고 부모의 말에 "응, 엄마, 이게 자꾸 안 돼! 몇 번이나 해봤는데"라며 한풀 꺾인 톤으로 말하게 되지요. 그러면 "여러 번 했는데도 안 되니까 짜증이 났던 거구나"라고 다독여준 다음, 문제해결을 위한 노력을 함께하면 됩니다. "음, 여기가 너무 좁아서 풀로 붙여도 안 되나 보다. 테이프로 붙이면 될까? 아니면 여기에 종이를 덧붙여서 풀칠을 할 공간을 만들어놓는 것도 괜찮을 것 같아" 하는 식으로 아이의 문제해결에 협력하는 태도를 보이면 아이는 기분이 좋아져서 "그게 좋겠다! 내가 테이프 갖고 올게"라며 긍정적으로 반응합니다.

이렇게 아이가 징징대지 않고 말할 때 여기에 초점을 두고 반응해야 합니다. "와, 우리 아들이 정말 예쁘게 말하는구나. 아까 짜증 내며 말할 때보다 이렇게 말하는 게 훨씬 듣기 좋다. 뭐가 잘 안될 땐 화내지 말고 이렇게 무엇 때문에 힘든지 말해주렴. 엄마, 이게 잘 안붙어서 속상해, 이렇게 말이야. 그럼 엄마도 네 맘을 더 빨리 알 수 있단다"라고요. 이렇게 아이가 예쁜 행동을 했을 때 그걸 콕 집어서 '바로 이게 예쁜 행동'임을 말해주세요. 그래야 아이는 예쁘게 말하는 것이 무엇인지 더 구체적으로 느낄 수 있습니다.

아무리 살펴봐도 왜 아이가 짜증을 내는지 알 수 없을 때도 있습니다. 아이는 계속 "몰라! 짜증 나!"라고만 할 뿐, 상황을 제대로 말해주지 않지요. 이럴 때도 너무 다그치지 마세요. 시간이 좀 더 필요하다고 생각하며 기다려주세요. 그냥 말없이 기다리는 게 아니라, 좀 더 자세히 말해주기를 요청하며 안타까움을 표현해주는 것입니다. "아휴, 기분이 많이 상했구나. 무엇 때문이니? 네가 말해주면 엄마도 알 수 있을 텐데. 엄마가 알아야 도와줄 수도 있을 테고"라고요.

짜증이 난 사람을 계속 다그치고 비난하면 그 사람은 더욱 짜증만 날 뿐입니다. 때론 진정될 때까지 기다려주는 것도 필요해요. 어느 정도 진정이 되었을 때 이에 대해 함께 기뻐해주면 아이는 부모가 나를 비난하고 귀찮아하는 사람이 아니라 나를 도와주고 싶어 하는 사람임을 확인하게 됩니다. 그리고 부모를 더욱 신뢰하게 되면서 어려움이 있을 때 좀 더 편안하게 도움을 청하거나 나누려고 할 것입니다.

♥

훈육의 기본 원칙, 꼭 지켜주세요

아이들은 실수와 잘못을 많이 합니다. 아이가 잘잘못을 구분하고 올바른 행동을 할 수 있도록 지도해주는 훈육은 꼭 필요한 것입니다. 훈육의 방법은 다양하지만, 효과적인 훈육을 위해서는 지켜야 할 원칙이 있습니다. 훈육을 할 때 부모가 지켜야 할 기본 태도라고 할 수 있지요.

첫 번째 원칙은 아이의 주목을 끈 다음에 훈육을 시작해야 한다는 것입니다. 성공적인 교육을 위해서는 주의 집중이 필요합니다. 훈육 또한 교육의 한 종류이기 때문에 아이를 반드시 주의 집중시켜야 해요. 집중하지 않은 상태에서는 아이가 부모의 말을 귀담아 듣지 않아요. 심지어 부모가 하는 말이 자신을 향한 것인지조차 알지 못할 수도 있습니다.

저는 예전에 개를 한 마리 키웠습니다. 몇 년 전에 무지개다리를 건넌 그 개의 이름은 풀잎이었어요. 풀잎이는 치료 도우미견으로, 과거 한 기업이 치료 도우미견 사업을 할 때 인연이 되어 키우게 된 강아지입니다. 치료 도우미견을 한 마리 양성하는 데는 많은 비용이 듭니다. 민간 상담센터에 치료 도우미견을 분양하는 일은 해당 기업에서도 처음인 관계로, 저 또한 풀잎이의 좋은 파트너라는 것을 증명하기 위해 교육을 받아야 했습니다. 그때 대여섯 권의 책을 추천받아 읽게 되었는데요, 그중에 아직도 생생하게 기억나는 내용이 있어요. 반드시 개의 이름을 먼저 부른 뒤, 개가 쳐다보면 명령을 내리라는 내용입니다.

가령 수건을 갖고 오라는 지시를 하기 위해서는 "풀잎아!"라고 부른 다음, 풀잎이가 저를 쳐다보면 "수건 갖고 와!"라고 해야 합니다. 그래야 풀잎이가 '저 명령은 나에게 하는 거구나'라는 걸 알 수 있다는 것입니다. 이름도 부르지 않은 채 지시를 하고서는 개가 따르지 않았다며 "이 멍청한 녀석!"이라고 한다면 그건 바로 자기 자신에게 해야 할 말이라는 내용이었지요. 인간을 개와 비교한다고 불쾌해할 사람도 있겠지만, 이런 지시 방법은 사람에게도 그대로 적용할 수 있습니다.

어린아이들은 한 가지에 집중하면 다른 것에는 아무런 관심을 보이지 않아요. 텔레비전에 푹 빠져 있거나 신나게 게임을 하고 있을 때 불러보면 들은 척도 하지 않을 때가 많지요. 부모는 아이가 못 들은 척을 하는 거라고 생각해 화를 내지만, 정말로 듣지 못했을지 모릅니다. 자신이 하는 일에 너무 몰두해 있기 때문이에요.

따라서 아이의 주의를 확실히 집중시킨 다음에 말을 한다면 아이는 못 들을 일도 없고, 못 들은 척을 할 수도 없을 것입니다. 분명하게 들은 말은 거역하기도 쉽지 않겠지요. 부모의 말을 따를 가능성이 훨씬 높아진다는 뜻입니다. 따라서 아이가 하지 말아야 할 행동을 하거나 해야 할 행동을 하지 않을 때, 또는 잘못된 행동의 이유를 설명해야 할 때는 아이의 주의를 집중시키는 일이 먼저입니다.

예를 들어 아이가 텔레비전을 보기로 한 시간이 지났다면 아이의 뒤통수에 대고 "텔레비전 보는 시간 끝났다!"라고 말할 게 아니라 먼저 아이의 이름을 불러주세요. 아이와 눈을 마주치고 말해야 합니다. 아이가 부모의 말에 집중하는가를 확인하기 위함이지요. 따라서 아이가 등을 돌리며 말한다거나 건성으로 답한다고 느껴지면 조금은 집요해져도 됩니다.

아이가 등을 돌린 채 "왜?" 하고 물으면 아이에게 다가가서 아이 앞에 앉거나 아이의 몸 또는 얼굴을 엄마 쪽으로 돌려도 괜찮아요. "할 말이 있으니까 엄마 좀 봐봐"라고 했는데도 아이가 "왜? 그냥 말해!"라고 할 수 있어요. 이럴 땐 "얼굴을 봐야 네가 엄마 말을 듣고 있는지 알 수 있거든" 하고 말해주세요. 그러면 대부분의 아이들이 "아이, 참!" 하면서도 뒤를 돌아볼 거예요. 아이의 순응 행동은 꼭 칭찬해야 합니다. "그래, 좋아. 들을 준비가 됐구나. 이제 말할게"라고 말입니다.

아이의 주목을 끌었다면 두 번째 원칙을 지켜야 합니다. 바로 '명확하게 말하기'지요. 아이에게 하는 말은 간단하고 명료해야 해요. 분명한 어투로 말하는 것이 아주 중요합니다. "텔레비전을 너무 많이 본 것 같지 않니?", "엄마가 텔레비전 많이 보면 눈 나빠진다고 했어, 안 했어?", "책 좀 읽어라"라는 식으로 돌려서 말하지 마세요. 이렇게 말하면 아이는 부모의 말을 단순한 제안 혹은 의견처럼 받아들일 수 있어요. 제안이나 의견은 꼭 들어야 할 필요가 없는 것이지요.

안 되는 것은 그냥 안 된다고 말해도 됩니다. "이제 텔레비전은 그만 봐. 지금 보고 있는 것까지만 보고 끄는 거야"라고 말해주세요. 아이가 "이거 너무 재밌어. 더 보고 싶어"라고 하면 그 마음은 이해해주되 다시 한번 말하면 돼요. "정말 재밌었나 보네. 그만 보려니 아쉽구나. 아쉬워도 오늘은 여기까지 봐야 해"라고 하세요. 그 이유도 말해주면 좋습니다. "텔레비전은 하루에 두 시간만 보는 게 우리 집 규칙이잖아. 아침에 본 것까지 하면 두 시간이 살짝 넘었어. 그래서 더는 안 돼"라고요.

아이가 따져 물어도 마찬가지입니다. 이유를 말해주고, 아이 마음도 살짝 읽어주는 거예요.

"한창 자랄 때는 텔레비전을 많이 보지 않도록 해야 한다고 의사 선생님들도 말씀하셔. 눈도 나빠지고 자세도 나빠져서 그래. 엄마는 너를 너무 사랑해서 그렇게 눈과 자세가 나빠지게 둘 수는 없어. 텔레비전이 덜 재밌으면 덜 볼 텐데, 너무 재밌어서 너도 끄기가 어렵겠다."

그런 다음, 살짝 주의를 환기해주세요. 다른 재미있는 걸 찾아보자고 하든지, 저녁거리를 사러 나갈 건데 같이 가자고 하든지, 무엇이든 좋습니다.

아이가 지시를 잘 따르면 반드시 칭찬해주는 것도 잊지 마세요. 잘못한 행동을 지적할 때보다 잘한 행동을 칭찬할 때 훈육의 효과가 더욱 커질 테니까요.

PART 5

생 활

| Questions About |

평생 가는 습관, 잘 길러주고 싶어요

초등학교 입학을 앞둔 아이가
혼자서는 아무것도 못 해요

• • •

조금 있으면 학교에 갈 나이인데, 아이가 혼자서는 아무것도 못 해요. 덩치만 컸을 뿐 여전히 아기 같습니다. 양말 한 짝도 제대로 못 신고, 꼼꼼하게 씻지도 못해요. 젓가락질이 서툴러서 급식 시간에 반찬도 못 집어 먹을까 봐 걱정입니다. 학교에 들어가면 좀 나아질까요?

'크면 나아지겠지!'

아이가 탐탁지 않은 행동을 할 때마다 부모는 이런 생각으로 스스로를 위로합니다. 어느 정도 맞는 말이에요. 아이들은 나이를 먹어가면서 새로운 능력을 습득하게 되고, 그 능력은 양적으로나 질적으로나 점점 나아집니다.

그런데 시간이 지나면서 나아지기는커녕 더 나빠지는 것도 있어요. 어린 시절부터 차곡차곡 경험치를 쌓아야 했는데, 그러지 못했기 때문에 시간이 갈수록 오히려 위태로워지는 것이지요. 이러한 것 중 하나가 바로 '자율성'입니다. 부모 없이는 아무것도 못 하는 아이들이 바로 이런 경우예요. 자율성을 발달시키는 대신 의존성을 더욱 키운 것이라고 할 수 있습니다.

아이의 자율성은 꽤 일찍부터 발달하기 시작합니다. 돌이 지나 걸음마를 시작하고, 한두 마디 단어를 내뱉을 때부터 아이들에게는 무엇이든 스스로 해보려는 욕구가 샘솟아요. 그 욕구가 과해서 혼자 할 수 없는 일도 자기가 해보겠다고 고집을 피워 부모와 실랑이를 벌이기도 하지요. 그런 과정을 통해 아이는 자기가 할 수 없는 것과 할 수 있는 것을 구별해가는 법을 배웁니다. 그리고 자기가 할 수 있는 것, 해도 되는 것은 적극적으로 시도하면서 자율성을 익혀가는 것입니다.

부모는 아이의 도전과 시도를 격려하는 동시에, 아이가 혼자의 힘으로는 버거워하는 상황에서는 기꺼이 조력자가 되어주며 함께 문제를 풀어나가야 합니다. 이런 부모의 모습에 아이는 자율성뿐만 아니라 자신감도 점점 키워가게 됩니다. 자율성과 자신감이 높은 아이들은 새로운 상황이나 과제 앞에서도 쉽게 포기하지 않아요. 반대로 부모가 과보호를 하며 아이가 충분히 할 수 있는 일까지 대신해준다거나 지나치게 완벽주의적인 태도를 보이면서 아이의 작은 실수와 실패를 용납하지 않는다면 아이는 스스로 뭔가를 해보려고 시도하기보다는 부모에게 의존하는 길을 택합니다.

아이의 의존성은 성장하면서 점점 심해집니다. 커갈수록 아이가 해결해야 하는 과제는 더욱 어려워지기 때문입니다. 나이가 들었다고 해서, 혹은 학교에 간다고 해서 저절로 자율성이 생기는 것은 아니에요. 이제라도 어렵지 않은 일들은 직접 해볼 수 있도록 아이에게 기회를 주세요. 처음에는 아이가 거부할 수도 있어요. 부모가 해주는 게 편하기도 하고, 자기가 잘하지 못할까 봐 두렵기도 한 거예요. 그럴 때는 할 수 있을 거라고 용기를 북돋워줘야 합니다.

아이니까 당연히 완벽하게 할 수는 없어요. 아이의 행동이 서툴러서 답답하더라도 꾹 참고 기다려주세요. 또한 결과가 마음에 들지 않더라도 듬뿍 칭찬해주세요. 부모의 반응에 아이도 으쓱해질 것입니다. 계속해서 시도하고 실패하는 경험을 통해 아이는 점점 성장합니다. "나는 할 수 있다"라는 생각을 가질 때, 자기 삶의 진짜 주인이 될 수 있어요. 부모가 해야 할 일은 그런 아이를 지켜봐주고 응원해주는 것이겠지요. ♥

밥을 너무 안 먹어요

• • •

아이가 밥을 너무 안 먹어요. 주위 어른들은 자기가 먹겠다고
할 때까지 그냥 두라고 말합니다. 아이도 배가 고프면 밥을 달라고
할 거래요. 밥 먹기 싫다는 아이와 실랑이하는 게 너무 힘들어서 정말
내버려두고 싶다가도, 그러면 며칠 동안 밥을 입에 안 댈 것 같아서
두렵기도 합니다. 아이를 그냥 놔둬도 괜찮을까요?

우리나라 부모들이 육아와 관련해 가장 많이 고민하는 것 중 하
나가 바로 '밥'이라고 해도 과언은 아닐 겁니다. 여기에는 식습관이
나 식사 태도에 관한 내용도 포함이 됩니다. "밥을 잘 안 먹어요.",
"돌아다니면서 밥을 먹어요.", "밥을 너무 오래 먹어요."와 같은 고민
을 정말 많이 듣습니다. 그래서 아이가 어떻게 밥을 먹고 있는지 물
어보면 대부분 다음과 같은 답변을 합니다.

"한 입이라도 먹었으면 해서 떠 먹여줘요."

"따라다니면서 먹여요."

"좋아하는 영상을 틀어놓고 먹게 해요."

이 외에도 밥상을 치우겠다고 협박하는 경우, 밥을 다 먹으면 젤리나 아이스크림을 주겠다고 회유하는 경우, 포기하고 한 끼 정도 굶기는 경우 등 다양한 답변이 있었습니다. 그래도 결국은 아이를 쫓아다니며 먹여주는 일이 반복된다고 했어요. 아이들이 밥을 안 먹는 이유는 무엇일까요? 이럴 땐 어떻게 해야 할까요?

아이를 훈육하는 법 중에 '결과 사용하기'라는 것이 있어요. 아이로 하여금 잘못된 행동의 결과를 경험하게 해줘서 그 행동을 반복하지 않도록 해주는 훈육법인데요, 밥을 잘 먹지 않는 아이에게는 이 방법을 이용하는 것이 가장 효과적입니다. 그중에서도 '자연적 결과'를 사용하면 돼요. '자연적 결과'란 아이가 잘못된 행동을 했을 때 부모가 뭐라 하지 않아도 자연이 내려주는 벌과 같은 것입니다. 예를 들어 장갑을 끼지 않고 눈 싸움을 하면 곧 손이 시린 결과를 얻게 되는데, 이게 바로 자연적 결과예요.

밥을 먹지 않는 경우에 발생할 수 있는 자연적 결과는 바로 '배고픔'입니다. 뇌 신경의 문제로 허기를 느끼지 못하는 경우를 제외하고, 밥을 충분히 먹지 않으면 자연히 배가 고파질 것입니다. 이 말을 다르게 해석하면 아이가 밥을 스스로 잘 먹지 않는 것은 배가 고프지 않기 때문이라고 할 수 있어요. 잘 먹지 않는데 왜 배가 고프지 않을까요? 그건 바로, 부모가 어떻게 해서든 먹여주기 때문입니다. 밥이든 간식이든, 위협을 하든 회유를 하든, 밥을 계속 먹이기 때문에 아이는 배가 고프지 않아요. 그래서 밥을 잘 먹지 않는 악순환이 계속되는 것입니다.

밥을 잘 먹지 않는 아이는 '자연적 결과 사용하기'로 식사 태도를 바꿔볼 필요가 있습니다. 이를 위해서는 가장 먼저 아이에게 식사 시간을 알려줘야 합니다. 식사 시간은 20~30분이면 충분합니다. 아이에게 식사 시간을 알려주고, 시간이 지나면 식탁을 치울 것이라고 분명히 말해줍니다. 만일 아이가 그 시간 동안 밥을 다 먹지 않았다면 잔소리를 하거나 화를 내는 대신 "아까 엄마가 식사 시간이 끝나면 밥을 다 먹지 않았더라도 식탁을 치울 거라고 얘기해줬지? 이제 시간이 지났으니까 치우도록 할게"라고 말한 뒤 식탁을 치우면 됩니다. 다음 식사 시간까지 간식을 평소 먹던 것 이상으로 주면 안 돼요. 에너지를 많이 쓰는 놀이를 함께하는 것도 좋습니다. 그래야 좀 더 허기를 느끼게 되니까요. 아이가 밥을 잘 먹을 때는 칭찬을 많이 해주는 것도 잊지 마세요.

밥 먹는 시간이 아이에게나 부모에게나 스트레스가 되면 안 되겠지요. 당장 아이의 식사량을 늘리는 것보다 좋은 식습관과 식사 태도를 잡아주는 데 신경 쓴다면 가족 모두가 좋아하는 식사 시간이 될 수 있을 것입니다. ♥

아이한테 유튜브를 보여주면 책을 싫어하게 될까요?

• • •

아이에게 매일 책을 읽어주기가 쉽지 않아서 얼마 전부터 유튜브
동화를 틀어주고 있어요. 그림이 움직이니까 신기한지 아이도 재미있게
보더라구요. 그런데 문제가 생겼어요. 아이가 이제 종이책은
통 읽지 않으려 하거든요. 책 읽기를 싫어하게 된 걸까요?

요즘 자녀의 미디어 중독을 걱정하는 부모가 참 많습니다. 호주
의 사회학자 마크 맥크린들은 스마트폰이 대중화된 2010년대 초반
이후에 태어난 아이들을 알파세대라고 정의했습니다. 태어날 때부
터 디지털 기기와 함께한 알파세대 아이들은 놀이나 여가를 즐길 때
도 미디어를 이용하곤 합니다. 요즘 같은 시대에 미디어를 완전히 배
제하기란 현실적으로 어렵다는 점을 인정해야 하겠지요. 하지만 어
린아이에게 영상물을 접하게 하는 일에는 무척 신중해야 합니다.

미국 소아과 학회에서는 미디어 사용에 관해 이렇게 권하고 있
습니다. 첫째, 18개월 미만의 유아에게는 스크린을 보여주지 말 것.

둘째, 18~24개월 유아에게는 양질의 프로그램을 보여주되 부모가 곁에서 함께 볼 것. 셋째, 24개월~만 5세 유아에게는 양질의 프로그램을 하루 한 시간 이내로 보여줄 것.

'너무 이상적인 기준 아닌가?'라고 생각할지도 모르겠습니다. 사실은 이마저도 현실을 고려해 많이 완화된 것이랍니다. 이전에는 교육용 프로그램이라 할지라도 만 2세 미만 유아에게는 보여주지 말 것을 권했으니까요. 이처럼 미디어 사용에 제한을 두는 이유는 아이의 발달에 좋지 않은 영향을 미치기 때문입니다.

스위스의 심리학자 피아제는 태어나서 만 2세가 되기까지의 24개월을 '감각운동기'라고 정의했습니다. 이 시기의 아이들은 외부 세계로부터 감각 정보를 받아들이고, 그에 대한 운동 반응을 합니다. 우연히 만진 장난감에서 소리가 나면 그 장난감을 다시 흔들어봅니다. 손에 닿은 그릇이 뜨거웠다면 그 그릇을 다시 만지려 하지 않지요. 이처럼 감각과 운동의 도식을 만들고 수정해가며 자신을 둘러싼 환경을 이해하게 됩니다.

미디어는 시각과 청각만 자극하는 데다 아이들이 그 자극을 수동적으로 받아들이기 때문에 적절한 운동 반응으로 이어지기 어렵습니다. 그보다는 다양한 감각운동적 자극을 접하는 것이 발달에 훨씬 이롭겠지요. 아이들은 들은 것보다 본 것, 본 것보다 직접 해본 것을 더 잘 배우니까요.

유튜브와 같은 영상물을 자주 접한 아이들의 독서 능력이 떨어진다는 연구 결과도 있습니다. 영상 자극을 통해 정보를 습득하다 보면 텍스트보다 이미지에 의존하는 경향이 강해져서 글자를 통해서만 내용을 파악할 수 있는 독서에 어려움을 느끼게 됩니다. 참을성 있게 과제를 하는 등 일정 시간 동안 집중해야 하는 활동 역시 하기가 어렵지요. 영상을 건너뛰거나 빨리 돌리는 기능들이 욕구를 지연하는 능력을 저하하기 때문입니다.

아무리 좋은 콘텐츠라고 하더라도 영상물 보는 시간은 너무 길지 않도록 규칙으로 정해두고 지키는 것이 좋습니다. 또한 다른 즐거운 활동을 하도록 유도해 아이가 미디어를 자주 떠올리지 않게끔 해야 합니다. 글자 수가 많지 않은 책을 읽어주고, 그 내용을 바탕으로 그리기나 만들기를 해보는 등 책과 연관된 놀이를 하면서 아이가 종이책과 다시 가까워질 수 있도록 시도해보세요. 아이뿐 아니라 부모 역시 아이가 보는 앞에서는 스마트폰 같은 미디어를 멀리하는 노력이 필요하겠지요. 조급하게 생각하지 말고 차근차근 실천하다 보면 아이 또한 조금씩 달라질 거예요. ♥

아이가 스마트폰에 중독된 걸까요?

• • •

아이가 아직 어린데 스마트폰 없이는 화장실도 못 가요.
제가 몸이 아프고 힘들어서 한동안 자주 보여줬더니 이제 스마트폰만
찾습니다. 친구보다 스마트폰을 가지고 노는 걸 더 좋아하는 것 같아요.
벌써 중독이 된 걸까요?

요즘 아이들은 스마트폰을 꽤 능숙하게 다룹니다. 그도 그럴 것
이 젖병을 빨면서부터 스마트폰에서 나오는 동화를 듣거나 영상을
보며 자랐기 때문이지요. 어린 시절부터 스마트폰을 사용하다 보니
어느새 스마트폰이 없으면 마음이 허전하고 어떻게 놀아야 할지 모
르겠다는 아이들도 늘고 있습니다. 스마트폰으로 영상을 틀어줘야
밥을 먹고, 친구들과 노는 것보다 스마트폰으로 게임하는 것을 더 좋
아하며, 스마트폰을 하느라 꼭 해야 할 과제나 학습을 미루기도 합니
다. 이처럼 스마트폰으로 인해 정상적인 일과가 어려워지거나 자신
의 연령대에 해야 할 일을 제대로 하지 못하고 사회적 관계에도 제한

을 받게 된다면 스마트폰 중독이라고 할 수 있습니다.

스마트폰 중독은 한창 자라나는 아이들의 발달에 부정적인 영향을 줍니다. 가장 큰 문제는 아이들의 사회성 발달을 저해할 수 있다는 것입니다. 사회성은 다른 사람들과 함께 어울리면서 키워가는 것인데, 스마트폰은 사람들과 함께하는 기회 자체를 앗아갑니다. 스마트폰으로 지루함을 달래고 즐거움을 찾는 아이는 굳이 사람을 만나 상호작용을 해야 할 필요성을 느끼지 못하니까요.

과도한 스마트폰 사용은 뇌의 불균형을 초래하기도 합니다. 뇌의 모든 영역이 발달하는 유아동기에는 모든 감각과 운동기관을 통합하여 외부 세계를 탐색하고 몸을 움직여야 합니다. 하지만 스마트폰에 중독되면 영상을 듣고 보는 시청각적 자극에만 집중하게 되고, 실제 활동은 거의 하지 않습니다. 타인뿐 아니라 자신을 둘러싼 환경과의 상호작용조차 하지 않게 되는 것이지요. 이는 곧 적극적이고 융통성 있는 사고력과 창의적 문제해결력의 부족으로 이어집니다.

많은 부모가 아이의 지나친 스마트폰 사용에 대해 걱정합니다. 그런데 아이들이 스마트폰에 의존하게 된 원인은 부모에게 있는 경우가 많습니다. 아이가 울 때, 밥을 잘 먹지 않을 때, 놀아달라고 조를 때 스마트폰을 보여주고 쥐여주기 시작했던 것이 어느덧 중독으로까지 이어지게 된 것이지요.

참고로 세계보건기구(WHO)에서는 만 1세 이하 어린이는 전자 기기 화면에 노출되는 일을 삼가고, 만 2~4세 아동은 하루 1시간 미만 사용을 권장합니다. 앞서 언급했듯 미국 소아과 의학회 권고사항에서도 생후 18개월 이전에는 스마트폰뿐 아니라 TV 등 스크린 노출을 절대 피하라고 합니다. 18~24개월에는 부모가 고른 양질의 프로그램만 부모가 함께 봐야 하며, 2~5세에는 스크린 노출 시간을 하루 한 시간으로 제한하도록 합니다.

호기심과 에너지가 넘치는 아이에게 항상 집중하기란 참 어려운 일입니다. 하지만 아이가 스마트폰에 의존하게 되지 않으려면 부모가 먼저 아이 양육을 스마트폰에 의지하지 않아야 합니다. 부모의 굳은 다짐과 노력이 무엇보다 중요하다고 할 수 있을 것입니다. ❤

손톱을 물어뜯고 손가락을 빨아요

• • •

아이가 손톱을 물어뜯고 손가락을 빨아요. 애정 결핍이 아니냐고
묻는 사람도 있고, 손가락 모양이나 구강구조가 달라질 거라며 걱정하는
사람도 있습니다. 여러 가지 방법을 시도해봤지만, 달라지는 게
별로 없네요. 이처럼 나쁜 습관은 어떻게 고칠 수 있나요?

만 3세 미만 아이들이 손가락을 빠는 것은 매우 흔한 일이기 때문에 지나치게 걱정하거나 아이의 행동을 제한할 필요는 없습니다. 대개는 만 4세가 지나면서 자연스럽게 그만두거든요. 주변을 살펴보면 어른이 되어서까지 손가락을 빠는 사람은 찾아보기 어렵습니다. 부정교합을 염려하는 분들도 있지만, 만 6세경 영구치가 나기 전까지는 손가락을 빤다고 해서 앞니가 튀어나오지 않아요. 아이가 손가락을 빨 때는 너무 불안해하거나 그만두라고 채근하기보다는 자연스럽게 다른 활동을 하도록 유도하는 편이 좋습니다. 손을 써야 하는 활동을 하면 손가락을 빨지 않을 테니까요.

다만 손톱을 뜯는 행위는 손가락 빨기와 다르게 오랫동안 지속되는 경향이 있습니다. 손가락을 빠는 행동이 스스로 위안을 구하려는 데서 시작되는 것에 반해 손톱을 뜯는 행동은 공격성과 좀 더 관련이 있다고 하는 견해가 있지만, 꼭 그렇지만은 않아요. 어린아이의 손톱 뜯기는 손가락 빨기와 마찬가지로 긴장을 해소하기 위한 수단인 경우가 많습니다. 산만한 아이들은 손을 가만히 두지 못해서 손톱을 뜯는 버릇이 생기기도 해요.

아이가 일부러 손톱을 뜯는 것은 아닙니다. '이제부터 손톱 뜯어야지!'라고 마음먹고 하는 행동이 아니에요. 자신도 모르고 할 때가 많으므로 아이가 손톱을 뜯는다고 해서 무섭고 엄하게 혼을 내면 안 됩니다. 손톱이 너무 짧으면 아프기도 하고, 세균 감염 문제도 있어서 걱정이 된다고 말해주세요.

아이가 "나도 안 그러고 싶은데 나도 모르게 자꾸 뜯게 돼"라고 말하면 두 사람 사이에 신호를 정해서 부모가 아이에게 신호를 보내주는 식으로 도와줄 수 있습니다. 예를 들면 아이가 손톱을 뜯기 시작할 때 엄마가 헛기침 소리를 두 번 낸다거나 아이의 별명을 부르는 거예요. 이렇게 신호를 보내주면 아이도 자신의 행동을 자각해서 멈추게 됩니다.

신호 정하기는 아이와의 관계를 해치지 않으면서 아이의 버릇을 고칠 수 있는 방법입니다. 아이의 나쁜 습관을 고쳐주고 싶은 마음에 부모는 자꾸 잔소리를 하거나 혼을 내게 돼요. 그러다가 아이와 멀어지기도 합니다. 아이의 버릇을 고치는 것도 중요하지만, 아이와의 관계도 중요합니다. 이왕이면 아이도 부모도 마음이 다치지 않는 방식으로 문제를 해결해보기로 해요. ♥

유치원에 있던 인형을
집에 들고 왔어요

• • •

집에 처음 보는 인형이 있어서 아이에게 물어봤습니다.
처음에는 모른다고 하더라고요. 몇 번이나 다시 물어봤더니 그제야
유치원에 있던 것을 가져왔다고 말하더군요. 앞으로는 절대 그러면
안 된다고 혼을 내긴 했지만, 또 그럴까 봐 걱정이 돼요.

어린아이들도 자기 물건과 남의 물건을 구별할 줄 압니다. 그렇다고 해서 다른 사람의 소유권을 존중해준다는 뜻은 아니에요. 특히 유아기 아이들은 유혹을 참아내는 욕구지연 능력이 아직 부족해서 갖고 싶은 물건이 눈앞에 있으면 손을 댈 때가 많습니다. 유아기의 자기중심성은 그런 행동에 대해 제법 그럴듯한 당위성을 제공하기까지 하지요. "선생님은 인형 많잖아!", "이건 바닥에 떨어져 있는 거니까 가져도 돼", "빌렸다가 다시 갖다놓을 거야"라는 식으로 자신의 행동을 정당화하고 "물건을 훔치는 건 나쁜 행동이야"라고 하면 억울해하기도 합니다. 그럼 뭐라고 말해줘야 할까요?

우선 아이의 욕구 자체는 수용해주도록 합니다. "이 인형이 너무 마음에 들었구나. 그래서 갖고 싶었나 보네"와 같은 말로 아이의 욕구를 이해해주는 것이지요. 그런 다음에 분명히 말해줘야 하겠지요.

"내 것이 아닌 물건은 갖고 오면 안 돼. 정말 가져오고 싶은 게 있다면 물건 주인에게 물어보고 허락을 받아야 하는 거야. 주인이 없다면 먼저 주인을 찾아주는 것부터 해야 해."

유치원에 있는 물건은 모두가 사용하는 것이니까 집에 가져오면 안 된다는 점도 알려줘야 할 것입니다.

이야기를 나눈 다음에는 아이가 집에 가져온 물건을 돌려주고 오도록 해야 합니다. 이때 많은 아이가 부끄러워하거나 두려워할 거예요. 그렇다면 부모님이 도와주는 것도 좋습니다. 아이와 함께 유치원에 가서 아이가 물건을 제자리에 놓아둘 수 있도록 격려하거나, 선생님에게 말해보도록 하는 것입니다. 마지막으로, 자신의 실수에 대해 책임지려고 애쓴 아이의 용기를 반드시 칭찬해주어야 합니다.

아이가 남의 물건을 가지고 오면 부모는 아이의 욕구보다 그 행위 자체에 초점을 맞추게 됩니다. 바늘 도둑이 소도둑 된다며 불안해하는 분들도 있지요. 그러나 아이들은 아직 미숙하기 때문에 그런 실수를 할 수 있어요. 부모의 역할은 아이가 실수를 통해 교훈을 얻고, 같은 실수를 반복하지 않도록 해주는 것이 아닐까 합니다. ♥

옷 입는 것에 까다롭게 굴어서 아침마다 전쟁이에요

• • •

여섯 살 큰아들 때문에 아침마다 전쟁입니다. 머리 스타일이
마음에 안 든다, 이 바지는 싫다, 양말이 이상하다 등등 너무 까다롭게
굴어요. 이젠 잠옷마저 원하는 것만 입으려고 합니다. 빨아야 해서
안 된다고 하면 지금 당장 빨아서 말려달라고 해요. 달래보기도 하고
혼내보기도 했지만, 반년째 계속 이래요. 온 가족이 지쳤습니다.

아침 시간은 늘 분주합니다. 안 그래도 바쁘고 힘든데 매일 난리
를 치는 아이를 보면 화도 나고 힘도 빠질 거예요. 한편으로는 난리
를 치는 아이 또한 분명 마음이 편하지 않을 것입니다. 아이에게도
그렇게 할 수밖에 없는 어떤 사정이 있을지 몰라요. 원인은 크게 세
가지로 나눠볼 수 있어요.

첫째, 기질의 문제입니다. 자신이 원하는 특정 스타일을 강하게
고집하는 아이들은 대부분 예민하고 까다로운 기질을 가지고 있습
니다. 이런 아이들은 주의 지속력이 강해요. 자신이 흥미를 느끼는
대상이나 사건에 쉽게 몰입하고, 몰입하는 시간 또한 길지요. 그래

서 원하는 것이 있으면 쉽게 마음을 떨쳐내지 못합니다. 그것에 집요하게 신경 쓰는 거예요. 이런 경우는 아이를 바꾸기가 어려운 편이에요. 적절한 훈육을 통해 참는 법을 가르치면서 다뤄나가야 하는데, 크고 나면 자기 스타일을 추구하는 경향이 다시 나타나곤 합니다.

예민한 기질의 아이는 호불호가 강하기 때문에 맘에 들지 않는 옷은 입지 않아요. 옷과 신발을 살 때나 머리를 자를 때는 아이의 의견을 존중하는 것이 좋습니다. 아주 이상하거나 너무 비싸거나 쓸모없지 않다면 부모의 눈에는 별로여도 아이가 원하는 대로 해주세요. 물론 아이 의견을 존중한다고 해서 맨날 같은 옷만 입게 할 수는 없겠지요. 그래서 아이와 규칙을 정해야 합니다.

예를 들어 아이가 좋아하는 옷을 입을 수 있는 요일을 정해두고 그날만큼은 그 옷을 입을 수 있도록 미리 빨아두거나 준비를 해주는 것입니다. 잠옷이 두 벌이라면 갈아입는 시기를 고려해 언제 어떤 잠옷을 입을지 아이와 함께 정해보세요. 예민한 아이들은 갑작스러운 좌절 상황을 맞닥뜨리면 폭발 반응을 보이기 때문에 예측 가능한 규칙을 세워두고 지도하는 것이 좋습니다. 그래야 아이도 좀 더 편안해져요. 아이가 규칙을 지켰다면 "원하는 게 있는데도 잘 참았네. 규칙을 잘 지켰어!" 하고 칭찬해주는 것도 꼭 필요합니다.

두 번째로 기관 적응 문제가 있을 수 있어요. 아이가 유난히 아침이나 잠들기 전에 문제를 일으킨다면 고려해봐야 할 부분입니다. 아이가 기관에 다니지 않는다면 부모가 없는 동안 아이를 봐주는 사람과의 애착이 안정적인지 살펴봐야 하겠지요. 아침은 부모와 떨어지는 시간입니다. 잠드는 시간도 마찬가지예요. 어린아이들에게 잠은 부모와 분리되는 것이니까요. 부모와 충분한 시간을 갖지 못했거나 애착이 불안정한 아이들은 밤에 졸려도 잠들기를 거부하는 경우가 종종 있습니다. 자고 나면 어린이집이나 유치원을 가야 한다는 생각에 잠자리 투정을 하기도 합니다.

아이가 별로 예민한 편이 아니고 이전에는 비슷한 일로 떼를 부리는 일이 별로 없었는데, 어느 날부터인가 어린이집에 가기 싫어하면서 유독 투정이 잦아졌다면 기관 생활에 어려움을 겪고 있을 가능성이 있습니다. 기관에 가기 싫으니까 별 트집을 다 잡으면서 기관에 가는 시간을 미루는 거예요. 옷 투정뿐 아니라 다른 여러 평계로 기관에 가려 하지 않는다면 교사와의 상담을 통해 아이의 기관 적응 상태를 알아볼 필요가 있습니다.

마지막으로, 자율성을 얻기 위해 부모와 힘 겨루기를 하는 것일 수도 있습니다. 모든 사람은 통제력 있는 인간이고 싶어 합니다. 아이들도 마찬가지입니다. 자율적인 존재가 되고 싶어 하며, 자신과 타인 그리고 상황을 통제하는 존재가 되기를 원합니다. 자율성에 대한 추구는 대략 15개월부터 시작됩니다. 6~7세가 되면 자율성에서 나아가 주도성을 갖고자 노력하게 되지요. 유아기에 이런 욕구를 억제당하거나 반대로 지나치게 자기 뜻대로만 하는 경험을 하게 되면 떼를 심하게 부리거나 공격적인 행동을 해서라도 자율성을 얻고자 할 수 있습니다.

아이가 할 수 있는 일은 스스로 해보도록 격려해주세요. 안 되는 것은 무조건 안 된다고 하기보다는 대안을 제시하거나 제한된 범위 내에서 선택할 수 있도록 지도하면 좋습니다. 그러면 아이들은 좀 더 건강한 자율성을 갖게 되겠지요. 평소에 아이가 선택해도 되는 것까지 모두 부모가 결정하고 지시했다면 아이는 자신도 힘이 있는 존재라는 것을 보여주려고 고집을 부리며 부모의 훈육에 강하게 저항하는 모습을 보입니다. 하지만 아직 어른에 비해 힘이 없기 때문에 힘으로 부모를 이길 수는 없습니다.

그래서 아이들이 선택한 방법은 부모를 열받게 하는 것, 그리고 무기력하게 만드는 것입니다. 말도 안 되는 고집을 부려 부모를 짜증나게 하고, 특히 가장 바쁘거나 피곤한 시간대를 골라 부모를 더더욱 당황하게 만들지요. 빨리 출근해야 하는, 혹은 잠자리에 들고 싶은 부모는 아이와 대치하다가 결국 아이가 원하는 것을 들어줍니다. 빨래통에 들어 있는 옷을 던져주며 "그래, 정 그러면 더러운 옷을 입어라!"하거나 젖어 있는 잠옷을 주고 "어디 한번 축축한 바지 입고 자봐!" 하면서요. 아이도 더럽거나 축축한 옷을 입고 싶지는 않을 거예요. 그래도 부모를 굴복시켰다는 마음에 이런 과정을 견뎌냅니다.

만일 이런 이유로 옷 투정을 한다면 부모가 먼저 해야 할 일은 아이와 감정적으로 대치하지 않는 것입니다. 아이의 마음을 충분히 헤아려준 뒤, 아이의 요구를 들어줄 수 없는 사정을 말해주세요. "나도 들어주고 싶지만 사정이 이래서 정말 안타깝구나"라고 반응해야 합니다. 부모가 아이의 욕구를 거절하는 게 아니라 상황 때문에 들어줄 수 없는 것으로 느끼게 하는 거지요. 즉 문제는 사람이 아니라 상황임을 인지시키는 것입니다.

물론 이렇게 한다고 해서 아이가 순순히 물러나는 것은 아닙니다. 아이의 마음을 헤아려주었다면 아이가 제한된 범위 내에서 선택하고 결정할 기회를 주어야 합니다. "네가 아끼는 그 옷은 지금 세탁기 안에 있어서 입을 수가 없어. 하지만 내일이면 입을 수 있을 거야. 내일도 그 옷이 입고 싶으면 내일 입도록 하자. 그럼 오늘 입을 곳을 골라야겠네." 하면서 두세 개의 옷을 꺼내 "너는 어떤 옷이 좋니? 엄마는 이것도 괜찮고, 저것도 괜찮은데 너는 어때?"라고 해보세요. 아이에게 선택권을 돌려주는 것입니다. 만일 시간이 충분하다면 아이는 몇 차례의 투정과 거부를 거쳐 자신이 입을 옷을 선택하게 될 것입니다. 아이의 선택에 관심을 갖고 반응해주면 아이는 자신이 자율적인 존재라는 느낌에 기분이 좋아질 거예요.

문제는 그럴 만한 시간이 별로 없다는 것입니다. 아이가 아침에 떼를 쓰기 시작하면 정말 난감하지요. 그럴 땐 전날 저녁에 미리 옷을 고르게 하거나, 예민한 기질의 아이한테 하는 것처럼 규칙을 정해놓는 것이 좋습니다. 규칙을 정할 때는 아이도 참여시켜야 합니다. 그래야 아이가 보다 잘 따르게 될 테니까요.

부모와 번번이 힘 겨루기를 하는 아이라면 평소에 잔소리나 일방적인 강요를 줄이고 아이의 의견과 결정을 존중해주는 모습을 많이 보여주세요. 아이가 부모와 함께 타협하고 조율해나가는 경험, 대안을 선택하고 결정하는 기회를 많이 갖도록 해주는 것이 가장 좋습니다. ❤

장난감이 많은데도
늘 심심하다고 해요

• • •

아이가 늘 심심하다고 루덜대요. 장난감이 무척 많은데도
혼자서 놀라고 하면 재미가 없다고 합니다. 그렇다고 하루 종일
스마트폰을 보여줄 수도 없고, 어떡해야 좋을지 모르겠어요.

"엄마, 심심해!"라는 아이의 말을 무서워하는 부모가 많아요. 아
이가 심심하다고 칭얼대면 부모는 마음이 조급해집니다. 아이랑 계
속 놀아주기도 쉽지 않아요. 힘들기도 하고, 재미있는 뭔가를 찾아서
알려줘야 할 것 같은 부담감도 있어요. "아이와 가볼 만한 곳", "아이
들 놀이터", "집에서 아이랑 뭐 하고 놀아요?" 등등을 검색해보다가
결국 아이에게 텔레비전이나 스마트폰을 보여주고 말지요.

하지만 이런 유혹을 견뎌야 합니다. 아이들은 심심함을 잘 견디
지 못해요. 이 말은 곧, 심심하면 결국 무언가를 하기 시작할 것이라
는 뜻이기도 합니다. 아이가 이렇게 할 거라는 믿음을 가지세요.

아이는 심심하다고 뒹굴며 한동안 칭얼거리겠지만, 그러다가 뭔가를 발견하게 될 것입니다. 어느새 심심하다는 말은 잊은 채 자신이 찾아낸 놀이에 열심히 몰두하는 아이의 모습을 볼 수 있을 거예요. 아이들이 텔레비전을 하도 많이 봐서 치워버렸더니 난리도 그런 난리가 없었지만, 얼마 지나 알아서 책도 읽고 더 다양하게 놀더라는 이야기, 많이 들어보셨지요? 그와 비슷한 원리라고 생각하면 됩니다.

아이들이 심심해할 때 스스로 심심함을 해결할 수 있도록 도와주는 것도 좋습니다. "뭘 해야 할지 모르겠네!", "뭘 하면 심심하지 않을까?", "할 만한 것을 찾아보렴" 하는 식으로 아이의 마음을 헤아려주면서 아이 스스로 심심함을 극복해볼 수 있도록 유도하는 말을 해줍니다. 스스로 놀 거리, 할 거리를 찾지 못하는 아이라면 좀 더 도움을 줘야 할 수도 있어요. "뭘 만들거나 꾸미면 재미있을 것 같은데. 다용도실에 분리수거 하려고 모아둔 것들이 있거든. 거기에 쓸 만한 게 있을지도 몰라"라고 말해주면서 가위, 테이프, 사인펜, 끈 등이 담긴 바구니를 슬쩍 들이밀어 봅니다. 이렇게 약간의 도움을 받아 아이 스스로 심심함을 달랬다면 꼭 칭찬해주세요. "아까는 심심하다고 보채더니, 스스로 심심하지 않게 노는 법을 알아냈네!"라고요. 아이들은 심심함 속에서 결국 재미를 찾아냅니다. 기다려주고 격려해주고 칭찬해주는 것이 부모의 역할이겠지요. ♥

아이한테 결벽증이 있는 것 같아요

• • •

> 유치원에 다니는 아이가 결벽증이 아닌가 싶어요. 손을 너무 자주 씻고,
> 옷도 자주 갈아입어요. 손이나 옷에 조금만 뭐가 묻어도 씻어야 하고,
> 갈아입어야 합니다. 처음에는 그냥 깔끔한 성격이라고 생각했는데
> 점점 습관이 과해지는 것 같습니다. 혹시 소아강박증일까요?

예전에 한 방송 프로그램에 출연하며 여러 아이를 만났습니다. 그중 한 아이는 한 가지 음식만 먹는 아이였어요. 그런데 막상 살펴보니 그 아이에게는 그 외에도 눈여겨봐야 할 습관이 많았습니다. 그중 하나는 한 공간에 자기 물건을 가지런히 쌓아놓고, 외출할 때마다 그 물건을 배낭에 넣어 가야 하는 버릇이었어요. 아이는 배낭이 없으면 절대 외출을 하지 않았습니다. 단추가 달린 옷을 입은 날에는 하루에도 몇 번씩 단추를 풀었다 잠그는 행동을 반복했지요.

쓸모없는 물건을 버리지 못하고 쌓아두거나 단추를 풀고 잠그기를 반복하는 식의 행동은 일종의 강박이라고 할 수 있어요. 이런 행

동이 지나쳐서 일상생활에 불편함을 느낄 정도가 되면 강박장애라는 진단을 내리게 됩니다. 강박장애는 보통 청소년기나 성인이 될 즈음 시작되지만, 약 25퍼센트는 만 10세 이전에 발병합니다. 만 5세 전에 나타나는 경우도 있지요.

강박장애를 방치하면 그중 절반은 성인기까지 증상이 지속되고, 67퍼센트는 우울증에, 25퍼센트는 사회공포증에 시달리게 될 수 있습니다. 증상이 호전되어도 불안과 우울 같은 증상은 계속 남아 있을 수도 있어요. 강박증은 주의집중력에도 문제를 일으키기 때문에 강박증상이 있으면 학교생활이나 학업수행에도 어려움을 겪게 됩니다. 틱과 같은 다른 신경학적 문제가 나타나는 경우도 많습니다. 따라서 아이에게 강박증상이 있는 것처럼 보일 때는 반드시 전문가를 찾아가는 것이 좋겠습니다.

강박장애란 오랜 기간 특정한 행동이나 생각을 반복하는 것을 뜻합니다. 어떤 아이에게서는 강박 사고만 나타나고, 어떤 아이에게는 강박 사고와 행동이 모두 보이지요. 강박 사고란 생각이나 이미지, 충동이 자신의 의지와 상관없이 계속해서 떠오르는 것입니다. 강박 행동은 손 씻기, 물건 모으기, 정돈하기 등 특정 행동이나 의식을 반복하는 거예요. 마음속으로 숫자를 세거나 특정 단어를 반복해서 말하고 특정 대상을 피하는 등 정신 활동으로 나타나기도 합니다.

제가 상담했던 아이 중 한 명은 자신이나 가족에게 좋지 않은 일이 일어날까 봐 굉장히 두려워했어요. '집에 강도가 들어 가족들을 해치면 어쩌나', '엄마가 출근하다가 교통사고를 당하면 어떡하나' 하는 생각이 계속되니까 하루에도 몇 번씩 창문과 현관문이 잠겼는지 확인하고 엄마에게 수십 통씩 전화를 거는 강박행동까지 보였지요.

어떤 아이들은 균이나 질병에 대해 예민한 반응을 보이기도 합니다. 그래서 손 씻기에 아주 많은 시간을 허비해요. 대칭과 균형에 집착해서 이부자리가 흐트러지거나 필통 안에 연필이 가지런히 정렬되어 있지 않으면 몹시 불안해하는 아이들도 있습니다. 금기시된 생각이 계속 떠올라 고통스러워하는 아이도 있었어요. 엄마와 누나의 벌거벗은 몸이 자꾸 떠오른다든지 생식기 냄새를 맡아보고 싶다는 충동 때문에 심한 자책감에 시달리는 아이, 엄마가 죽었으면 좋겠다는 생각이 수시로 들어 엄마에게 잔인한 말을 내뱉고는 미안하다며 비는 행동을 반복하는 아이도 있었습니다.

강박장애의 원인은 명확하게 밝혀지지 않았지만, 연구자들은 생물학적 요인과 심리적 요인에서 비롯되었을 가능성이 크다고 말합니다. 생물학적 요인이라 함은 뇌 질환으로 인해 강박증이 생긴 것을 뜻하는데요, 뇌신경의 조절력이 약해져서 강박 사고와 행동이 잘 제어되지 않는 현상으로 보는 것이지요. 강박장애는 가족력도 있는 질환으로 알려져 있습니다. 최근에는 목에 염증을 일으키는 세균의 일종인 연쇄상구균에 감염되었을 때 강박증상이 발생하거나 악화되었다는 보고도 있어요.

심리적 요인으로는 부모의 부적절한 양육 태도를 들 수 있습니다. 지나치게 아이를 통제하거나 완벽주의를 추구하는 양육 태도는 강박증의 원인이 될 수 있어요. 예를 들어 위생에 예민하며 지나치게 깔끔한 부모 밑에서 청결을 강요받고 자란 아이들은 오염이나 정리 정돈에 대한 강박에 시달리곤 합니다.

한번은 청소에 대한 강박이 심한 엄마가 방송을 통해 상담을 의뢰한 적이 있어요. 그분은 아이가 과자를 먹을 때 부스러기를 흘리는 것을 용납하지 못했습니다. 간식 자체를 잘 주지 않았고, 아이가 과자나 빵을 먹을 때는 반드시 접시를 받치도록 했지요. 부스러기가 떨어지면 바로 치울 테이프 클리너도 옆에 두어야 했습니다. 이제 겨우 세 돌을 넘긴 아이였는데 말이지요. 아이는 꽤 익숙한지 조심스레 과자를 먹고 능숙하게 돌돌이를 집어 자신의 옷과 바닥을 치웠습니다. 엄마와 아이 모두 늘 돌돌이를 옆에 끼고 다녔어요.

이런 환경이라면 아이가 청결 강박에 시달리게 되는 것이 전혀 이상하지 않을 것입니다. 또한 도덕적으로 너무 경직된 환경에서 성장하거나 불안정한 가정환경에서 자라도 그 불안을 통제하기 위해 강박적으로 변하는 경우가 있습니다. 이로 인해 아이의 강박증이 시작되었다면 안정적인 가정환경을 제공하고 제대로 된 양육태도를 갖추는 것이 중요하겠지요.

아이에게 강박증상이 보일 때 비난이나 꾸지람은 금물입니다. 아이들이 부모를 괴롭히거나 자신의 이익을 추구하고자 그러한 말과 행동은 하는 것은 아니니까요. 강박장애는 나름대로 불안을 다루려는 시도에서 나타난 것입니다. 오히려 아이가 불안을 극복하려고 하는 노력에 대해 칭찬해줘야 합니다.

그런 다음, 불안을 다스리는 방법에 대해 알려주세요. 아이의 마음을 헤아려주고 공감하는 태도가 필요하겠지요. 그리고 부모가 먼저 근육이완법과 심호흡법 등을 배워서 아이에게 가르쳐줘야 합니다. 불안할 때마다 아이가 조금이나마 마음의 안정을 찾을 수 있도록 도와주는 것이지요. 또한 부모 자신의 태도와 가정의 규칙도 한번 살펴보기를 바랍니다. 아이가 지켜야 할 규칙이 너무 엄하지는 않은지, 아이에게 지나치게 높은 도덕성을 요구하지는 않는지 돌아보세요.

마지막으로, 강박장애 치료를 위해서는 전문가의 도움과 개입이 꼭 필요합니다. 전문가는 아이뿐만 아니라 부모와 협력하여 아이가 치료실에서 배운 방법들을 가정에서 연습하고 적용할 수 있도록 도와줄 것입니다. ♥

어떻게 하면 아이의 지능을 키워줄 수 있나요?

• • •

지능이 높은 아이로 키우고 싶어요. 지능은 타고나는 것인가요?
공부 습관을 잘 길러주면 높아질 수도 있을까요?

지능에 대해 이야기를 하려면 먼저 '지능'이 무엇인지 알아야 합니다. 지능이라고 하면 아마 많은 분들이 '똑똑한 것'이라고 생각할 거예요. 그렇다면 똑똑한 것은 무엇일까요? 공부를 잘하는 것, 창의성이 높은 것, 기억력과 암기력이 좋은 것, 뛰어난 문제해결력이나 좋은 손기술을 가진 것일까요? 이제부터 제가 두 사람의 이야기를 해드리겠습니다.

한 사람은 19세기 철학자인 존 스튜어트 밀입니다. 밀은 3세에 아버지의 지도로 그리스어를 배우기 시작했고, 7세가 되기 전에 로마 역사에 대해 썼으며, 8세에는 기하학과 대수를 시작하면서 라틴

어에 도전했습니다. 밀의 지능지수는 평균이 100인 척도에서 190 정도로 추정됩니다.

다른 한 사람은 27세의 수잔입니다. 수잔은 지능지수가 37입니다. 심한 정신지체를 갖고 있지요. 글을 읽거나 쓸 수 없으며, 심지어 스스로 먹거나 옷을 입을 수도 없습니다. 하지만 그녀는 어떤 시든 한 번 듣고 나면 틀리지 않고 정확하게 외울 수 있습니다.

밀이 똑똑한 건 알겠는데, 도대체 수잔은 어떤 경우인지 난감합니다. 지능지수가 37인데 놀라운 암기력을 가지고 있으니까요. 이렇듯 인간의 인지적 잠재력은 너무나 다양해서 '지능'을 분명하게 정의하기란 참 어렵습니다. 그래서 지능이 무엇인가에 대한 의견은 현재까지도 분분합니다. 그저 '어떤 방법이로든 추상적으로 사고하는 능력 혹은 문제를 효과적으로 해결하는 능력' 정도로 여겨지고 있지요.

최초의 지능검사는 프랑스의 심리학자인 알프레드 비네에 의해 고안되었습니다. 비네는 프랑스 정부로부터 보충교육이 필요한 학생들을 선별해낼 수 있는 검사를 만들어달라는 의뢰를 받았습니다. 그래서 최초의 지능검사는 학교 수업을 지속하는 데 중요한 능력이라고 할 수 있는 주의집중, 지각, 기억, 수적인 사고, 언어적 이해 등을 측정하는 과제로 구성되었습니다. 아이들이 학교에서 얼마나 학습을 잘 수행할 것인지 예언하기 위한 목적으로 개발된 것이지요.

현재 널리 사용되고 있는 웩슬러 지능검사는 비네의 검사보다 한층 정교하게 구성되었지만, 역시 학습적 인지능력을 주로 측정한다고 볼 수 있습니다. 그래서인지 아이들의 지능지수와 그들의 현재 혹은 미래의 학업 성적은 꽤 상관이 많은 편입니다. 지능지수가 높은 학생이 그렇지 않은 학생에 비해 학교 공부를 더 잘할 뿐 아니라 더 오래 할 수 있다고 합니다. 뿐만 아니라 직장에서 상사로부터 더 좋은 평가를 받을 가능성이 높고, 더 건강하며, 환경에도 보다 잘 적응한다는 연구결과가 있습니다.

이런 결과를 놓고 봤을 때, 지능이 좋으면 살아가기가 편한 것은 사실인 듯합니다. 그러면 지능지수에 영향을 미치는 것들은 무엇이 있을까요? 우리는 흔히 "아빠 혹은 엄마 닮아서 똑똑한가 보다!"라는 말을 하곤 합니다. 유전을 강조하는 말이지요. 많은 사람이 머리는 타고난다고 믿는 것처럼 지능과 유전의 관계는 의심할 필요가 없어 보입니다. 실제로 많은 연구 결과들이 유전적 요소가 지능지수에 영향을 미친다고 말하고 있습니다.

유전자는 지능지수 점수의 약 50퍼센트를 설명한다고 해요. 이는 동일한 유전자를 갖고 있는 일란성 쌍생아간의 IQ 상관관계를 연구한 결과 입증된 것인데요, 일란성 쌍생아의 아이큐가 유전자의 절반 정도를 공유하는 이란성 쌍생아의 아이큐보다 상관관계가 상당히 높았다고 합니다. 입양 아동의 IQ 연구결과도 흥미롭습니다. 입양된 아이의 지능지수는 입양한 부모의 지능지수보다는 그들의 생물학적 부모, 즉 친부모의 지능지수와 더 높은 연관이 있다고 합니다. 이러한 연구 결과들은 유전이 지능지수에 영향을 끼친다는 사실을 보여주는 증거라고 할 수 있겠지요.

그럼 지능지수는 태어날 때 결정이 되고 마는 것일까요? 앞서 소개한 연구 결과들을 끝까지 살펴보면 반전이 숨어 있습니다. 입양 아동에 관한 연구에서 입양된 아동의 지능지수는 분명 생물학적 어머니의 지능지수와 상관관계가 있었어요. 그런데 이 아이들이 불우한 환경의 가정을 떠나 교육받은 양부모와 함께 살게 되자, 생물학적 부모의 지능지수와 교육 수준을 근거로 기대할 수 있는 지능지수보다 상당히 높은 지능지수를 나타냈습니다. 무려 10~20점이나 차이가 났지요. 학업성취도 역시 청소년기까지도 전국 표준에 비해 더 높았다고 합니다.

이런 결과가 나온 것은 양부모들이 입양한 아동들에게 지적 자극이 풍부한 환경을 제공했기 때문일 것입니다. 반대로 좋은 유전적 소인을 갖고 태어났더라도 지적인 자극을 받을 수 없는 환경에서 양육된다면 높은 지능지수는 개발될 수 없겠지요. 이처럼 가정환경의 질이나 특성은 유전적 요인만큼이나 아이의 지적 수행과 삶의 질에 중요한 영향을 미칩니다.

그렇다면 우리는 어떻게 해야 할까요? 하루에 책을 열 권씩 읽어 줘야 할까요? 수백만 원짜리 교구를 사는 것이 좋을까요? 저는 저명한 지능전문가들이 제시한 '아동의 미래 지능지수와 학업 성취를 가장 잘 예언하는 가정환경 요인'에 귀를 기울였으면 합니다. 특히 자녀가 미취학 아동이라면 더욱 새겨듣는 것이 좋습니다.

1~3세 아이의 지능지수를 높여주는 첫 번째 요인은 '부모의 개입'입니다. 부모의 개입에 해당하는 행동으로는 '집안일을 하면서 아동에게 이야기할 것', '아동의 놀이시간을 규칙적으로 마련해주고 함께해줄 것'이 있습니다.

두 번째로 지능지수를 높여주는 가정환경 요인은 '연령에 적합한 놀잇감을 제공하는 것'입니다. 아이가 밀거나 당길 수 있는 장난감, 갓난아기에게 모빌을 보여주는 것처럼 연령에 따라 아이의 학습을 도울 수 있는 물건, 신체에 맞는 의자나 책상 등을 마련해주는 것이지요.

마지막으로 '일상적인 다양한 자극의 기회'를 아이에게 제공해야 합니다. 예를 들어 아이가 자기만의 책을 세 권 이상 가지고 있는 것, 아빠가 매일 일정 시간 양육을 담당하는 것 등이 여기에 해당될 거예요.

생각보다 소박한 내용이지요? 비싸거나 화려한 장난감이 아니라, 부모가 아이와 함께 상호작용하고 반응하는 것이야말로 최고의 자극인 셈입니다. 특히 3~6세의 유아들은 부모의 온정과 언어적 자극, 학업적인 행동에 큰 영향을 받아요. 이후 아이의 지적 수행과 가장 밀접하게 관련되어 있다고 할 수 있습니다. 따뜻한 말투로 자주 대화를 나누고, 새로운 사물이나 개념, 경험들에 대해 알려주며, 자녀의 나이 혹은 발달 수준에 맞는 다양한 도전 기회를 제공할 때 아이의 지적 능력은 쑥쑥 향상될 것입니다.

이런 부모라면 자녀가 질문하는 것을 귀찮아하지 않는 것은 물론, 스스로 문제를 해결하고 이를 통해 배워가는 과정을 지켜보며 격려를 아끼지 않겠지요. 이런 환경에서 자란 아이들이 좋은 지능지수를 갖게 되는 것은 어찌 보면 당연한 것인지도 모릅니다.

좋지 않은 가정환경은 지능 발달을 저해하는 위험 요인 중 하나입니다. 연구자들은 스트레스가 심한 가정이나 부모가 제대로 교육받지 못해 지적인 자극을 제공하지 못하는 가정, 경제적으로 불우한 가정에서 자라는 것이 아이의 지적 발달에 도움이 되지 않는다고 공통적으로 말합니다. 사실 불안정한 가정환경은 아이의 지적 발달은 물론 전반적인 삶의 질에도 부정적인 영향을 끼칩니다. 이는 지능이 우수한 영재에게도 똑같이 해당됩니다.

우리는 모두 우리의 아이들이 이왕이면 좋은 지적 능력을 갖추기를 소망합니다. 지능에 영향을 미치는 것은 앞서 알아본 것처럼 유전과 가정환경입니다. 유전은 어찌할 수 없는 것이지만 안정적인 가정환경은 다르지요. 아이와 자주 눈을 맞추고 세상에 대한 아이의 호기심을 채워주며 열정적으로 상호작용하는 것, 사랑과 즐거움을 나누는 것. 아이의 지능을 높이고 싶다면 이런 것들부터 해보기로 해요. ♥

아이의 잘못된 행동에는 이유가 있어요

아이들은 참 사랑스럽지만, 이해하기 어려운 행동도 많이 합니다. 부모는 아이에게 사랑한다고 말하는 만큼 잔소리도 많이 하지요. "도대체 왜 그러니?"라는 말이 절로 나옵니다. 도대체 아이들은 왜 야단맞을 짓을 하는 걸까요? 아이들이라고 해서 부모에게 야단맞는 일이 유쾌할 리 없습니다. 그럼에도 불구하고 그런 행동을 하는 데는 아이들 나름의 사연이 있을 것입니다. 그동안 많은 아이를 만나본 경험과 아동발달에 대한 지식을 동원해서 '아이들이 잘못된 행동을 하는 이유'를 한번 꼽아보았어요.

1. 잘 몰라서

미취학 아동은 아직 옳고 그름에 대한 인식과 판단에 익숙하지 않아요. 어떤 것이 옳고 바르며 상황에 적절한 행동인지를 잘 모릅니다. 손으로 음식을 집어 먹는다거나 하루쯤 양치질을 건너뛰는 게 뭐가 그리 큰 문제인지 아이들은 이해할 수 없습니다. 금방 다시 가지고 놀 장난감을 정리해야 하는 이유, 장례식장에서 춤을 추면 안 되는 이유, 버스 안에서 모르는 사람을 향해 "대머리다!"라고 소리치면 곤란한 이유도 알 수 없어요.

어른들을 귀찮게 하거나 당황하게 만드는 어린아이들의 행동은 대부분 그 아이들이 지적으로 성숙하지 못했기 때문에 일어납니다. 어린아이들은 어른에 비해 아는 것도 적지만, 생각하는 방식 또한 크게 다릅니다. 상대의 입장을 고려한다거나 상황을 파악하고 추상적인 것을 이해하는 능력이 부족해요. 규칙과 규범에 대한 인식도 당연히 떨어질 수밖에 없어요. 이런 미숙함이 어른의 눈에는 제멋대로이거나 나쁜 행동으로 보이는 경우가 종종 있지요.

잘 몰라서 잘못된 행동을 하는 아이에게 필요한 것은 시간과 경험입니다. 아이가 옳고 그름을 이해하려면 태어나서 5~6년이란 시간이 걸립니다. 어른과 같은 방식으로 상황을 해석하기 위해서는 약 12년이 시간이 필요하지요. 그러니 인내심을 가지고 기다려주어야 합니다. 그 시간 동안 경험한 일들은 아이들의 발달과 성숙을 더욱 촉진합니다. 옳고 그름은 성인의 지도를 통해 배울 수 있으므로 아이가 잘못된 행동을 했을 때는 친절하면서도 구체적으로 무엇이 잘못되었는지 알려주세요. 옳은 행동 역시 마찬가지예요. 그 행동이 왜 옳은 것인지를 설명해줘야 합니다.

2. 잘못된 행동이라는 것을 알면서도 어떻게 해야 할지 몰라서

막무가내로 울거나 떼를 쓰는 것, 사람을 때리는 것이 나쁜 짓임을 알게 된 아이들도 자꾸 이런 행동을 반복하곤 합니다. 울지 않고 표현하는 법, 때리지 않고 문제를 해결하는 법을 모르기 때문이에요. 아이들도 울보나 떼쟁이가 되고 싶지는 않습니다. 누구나 화가 나고 슬프며 억울할 때가 있는데, 이런 감정이 올라올 때 어떻게 표현하고 가라앉혀야 할지 모르니까 떼를 부리며 우는 거예요. 자신의 장난감을 갖고 도망간 동생에게 "내놔!"라고 말했지만 동생이 듣지 않을 때, 때리지 않고서 장난감을 되찾아 올 방법을 모르니까 결국 동생을 밀치는 거지요.

이런 경우에는 무작정 "화가 난다고 울거나 소리를 지르면 안 돼!", "때리는 것은 나쁜 짓이야. 맞는 사람이 아프잖아!"라고만 말하기보다는 어떻게 표현하고 어떻게 해결해야 하는지 아이에게 가르쳐주세요. 대안 행동을 알려줄 때는 구체적으로 말해주고 시범을 보여주는 것이 좋습니다.

예를 들어 고양이가 귀엽다며 꼬리를 잡아당기는 아이에게 "그러면 고양이가 싫어하잖아! 예뻐해줘야지."라고 하면 아이는 어떻게 예뻐해줘야 할지 몰라요. "꼬리를 잡아당기면 고양이는 네가 자기를 싫어한다고 생각할 수 있어. 머리를 쓰다듬어주면 고양이도 기분이 좋아질 거야" 하면서 고양이의 머리를 부드럽게 쓰다듬는 모습을 아이에게 직접 보여주는 거예요. 그러고는 아이가 따라 해 보도록 유도하세요. 아이가 잘 따라 했을 때 '좋은 행동'이라며 칭찬해주면 아이는 그 뒤로도 좋은 행동을 하려고 애쓰게 됩니다.

3. 그렇게 배워서

아이들은 주변에서 보고 배운 대로 따라 했을 뿐인데 '나쁜 아이' 혹은 '잘못된 행동'이라고 질타를 받을 때도 있습니다. 어떤 아이의 아빠는 화가 나면 소리를 지르는 사람이었고, 엄마는 잘못된 행동을 하면 손찌검을 하는 사람이었습니다. 이런 모습을 보고 자란 아이는 화가 나면 소리를 지르는가 하면, 상대방이 잘못된 행동을 할 때마다 때리게 되었지요.

이런 일은 너무나 많습니다. 엄마가 카페에서 냅킨과 빨대를 한 움큼 집어가며 "이건 사람들 쓰라고 둔 거야. 많으니까 나눠 써도 되는 거야"라고 하면 아이는 다음 날 유치원에서 교구용으로 둔 색종이를 집어 옵니다. 아이들 쓰라고 둔 것, 많으니까 나눠 써도 되는 것이라고 생각할 테니까요. 옆집을 지날 때마다 마당에 묶여 있는 진돗개에게 돌을 던지는 형을 본 아이는 길고양이를 보자 돌을 던졌습니다. 형이 하는 방식대로 동물을 대한 것입니다.

아이들은 자신과 가까운 사람들의 생각과 행동을 보면서 옳고 그름을 배웁니다. 본 것 그대로 했을 뿐인데 야단을 맞게 되면 아이 입장에서는 당황스럽기 그지없습니다. 다툴 때마다 서로를 때리는 부모가 "친구랑 사이좋게 놀라고 했는데 왜 때렸어? 때리는 건 나쁜 거야!"라면서 아이를 꾸짖는다면 아이는 부모의 말과 행동이 다르다고 느끼면서 억울해지겠지요. 이런 아이들은 잘못된 행동을 고치기가 굉장히 어렵습니다.

모방은 아이들의 학습에 가장 큰 영향을 미칩니다. 부모가 올바른 가치관을 갖추지 않고 비도덕적인 행동을 하면 아이들도 따라 할 수밖에 없습니다. 물론 부모라고 해서 도덕적으로 완성된 존재는 아닙니다. 또한 사람에게는 어느 정도 융통성도 있어야 하기 때문에 볼일이 급할 때는 카페 안의 휴지를 여러 장 집어갈 수도 있고, 차가 지나다니지 않는다면 빨간 불에 횡단보도를 건널 수도 있을 것입니다. 부득이한 사정으로 이런 행동을 할 때는 그 이유를 아이에게 꼭 설명해줘야 합니다. 어쩔 수 없는 상황이 아니라면 아이가 보고 있다는 점을 염두에 두고, 다소 성가시더라도 올바르게 행동하려고 노력해야 할 것입니다.

4. 원하는 것을 얻을 수 있어서

화내고, 떼쓰고, 울고, 동생을 때리면 잠시 소란이 벌어지기는 하지만 결국 자신이 원하는 것을 얻을 수 있는 거예요. 이런 아이들은 잘못된 행동을 고치고 싶은 생각이 별로 없을 거예요. 따라서 부모는 아이들이 잘못된 방식으로 이득을 얻을 수 없도록 지도해야 합니다.

울거나 떼를 쓰면 힘만 빠질 뿐, 부모의 관심이나 인정을 받을 수 없다는 사실을 아이가 알아야 하겠지요. 때리고 뺏는 방식으로는 다른 사람의 물건을 소유할 수 없다는 것 또한 느껴야 합니다. 이렇게 하면 아이는 수차례의 경험을 통해 더 이상 자신의 방식이 통하지 않음을 알게 될 것입니다. 그제야 자신의 욕구를 충족할 만한 다른 괜찮은 방법이 없는지 살펴보기 시작할 거예요.

아이가 잘못된 행동을 할 때 그러면 안 된다고 말하고 그 행동이 왜 잘못되었는지 설명해주는 부모는 많습니다. 문제는 아이가 계속 고집을 피운다는 것이지요. 그러면 부모도 화가 나서 아이를 내버려두거나, 지쳐서 아이의 말을 들어주기도 합니다. 부모의 일관성 없는 태도를 본 아이는 자기가 고집을 부리면 결국 뭔가가 이루어진다는 것을 깨닫습니다. 이런 깨달음을 얻은 아이는 다루기가 쉽지 않습니다. 굳은 결심을 하고 일관성 있게 지도하려고 해도 아이가 더 강한 인내심으로 대응하기 때문이지요. 아이가 떼쓰기를 포기하는 데 반나절이 걸릴지도 모릅니다. 이를 버텨내는 것은 부모에게도 큰 도전이 되겠지만, 꼭 참아내야 합니다. 지금의 노력과 인내가 아이의 미래는 물론이고 부모와 자녀의 관계에도 긍정적인 영향을 미칠 테니까요.

가족관계

| Questions About |

좋은 부모가 되려면 어떻게 해야 할까요?

◎ 오늘 있었던 일 _

아이가 부모를 우습게 보는 것 같아요

• • •

저희 부부는 아이에게 친구 같은 부모가 되려고 노력해요.
아이는 엄마 아빠와 놀거나 대화하는 것을 무척 좋아합니다. 그런데 가끔
저희의 말을 무시할 때가 있어요. 부모를 너무 우습게 보는 건 아닌가
싶을 때도 있습니다. 저희 부부의 양육 방식이 잘못된 걸까요?

'부모'라고 하면 어떤 모습이 떠오르나요? 함께 즐거운 시간을 보
내는 모습이 떠오를 수도 있지만, 대부분의 사람들은 곤란한 상황에
처했을 때 자신을 위로해주고 도와주는 부모의 모습을 떠올릴 것입
니다. 이처럼 부모는 우리에게 '안전기지'와 같아요. 힘들 때 위안이
되는 존재, 다시 도전할 수 있는 용기와 가르침을 얻게 해주는 존재이
지요. 아이들에게 친구란 주로 '즐거움'을 공유하는 존재라면 부모는
즐거움과 더불어 정서적 위안과 지원 그리고 현실적인 도움과 가르
침까지 제공해주는 존재입니다. 친구라면 끔뻑 죽는 청소년기 아이
들조차 인생에 있어 중요한 조언을 구할 때에는 친구보다 부모를 찾

는다고 합니다. 동년배인 친구에게는 없는 연륜과 경험, 지식이 있기 때문에 어렵거나 힘들 때 부모를 찾는 것입니다.

그런데 요즘은 '친구 같은 부모'를 꿈꾸는 부모가 꽤 많습니다. 이런 분들은 어린 시절 지나치게 엄격하고 가부장적인 부모 밑에서 성장한 탓에 부모와 즐거움을 나누거나 정서를 공유하지 못했던 경우가 많지요. 부모가 무섭고 어렵게만 느껴졌을 거예요. 그러다 보니 자신은 아이에게 무언가를 강요하지 않는 부모, 아이가 편하게 대할 수 있는 친근한 부모가 되리라 결심한 것입니다.

그런데 친구 같은 부모가 되고 보니 어려운 점이 있습니다. 아이가 원하지만, 하면 안 되는 것, 반대로 아이가 원치 않지만 해야 하는 것을 알려주고 따르게 하기가 만만치 않은 것이지요. 억지로 시키자니 아이를 잡는 것 같아 마음이 불편합니다. 평소 아이가 하자는 대로 따라주다 보니까 아이도 말을 잘 듣지 않아요. 가끔은 '얘가 날 진짜 친구로 아나?'라는 생각이 들 때도 있습니다.

아이와 놀이를 할 때는 아이의 눈높이에 맞추어 친구처럼 즐겁게 놀아주는 것이 좋습니다. 하지만 아이를 가르치는 일도 매우 중요하지요. 아이가 한 사람으로 자라기 위해, 학교에 가고 사회에 나가기 위해서는 꼭 배워야 하는 것들이 있잖아요. 위험한 일을 하지 않는 것에서부터 양치질 같은 자기관리를 하고 세상의 규칙을 지키는 것 등.

이런 것들을 가르치고 훈육할 때는 부모로서 권위를 가져야 합니다.

친구 같은 태도로는 아이를 가르칠 수 없어요. 친구는 무언가를 가르쳐주는 존재가 아니잖아요. 때로는 단호한 태도가 필요합니다. 지나치게 엄할 필요도 없지만, 아이를 항상 친근하게만 대해야 하는 것도 아니에요. 아이를 존중하되 원칙을 가지고 일관성 있게 지도해야 합니다. 그래야 아이도 부모에게 기대고 의지할 수 있어요.

부모는 한 가지 역할만 하는 존재가 아닙니다. 아이의 친구이자 보호자, 때로는 지도자와 상담자의 역할을 해야 하는 게 바로 부모예요. 아이들은 그저 친구 같은 부모보다 이런 부모를 더욱 원하고 필요로 한다는 점을 꼭 기억해주세요. 🖤

아이의 의견을 어디까지 존중해줘야 할까요?

• • •

아이의 말을 귀담아들으려고 노력합니다. 무슨 일이든 아이의
의견을 최대한 반영하려고 애쓰기도 하고요. 가끔은 헷갈립니다.
아이는 나름의 논리가 있지만, 납득하기 어려울 때도 많아요.
그래도 들어줘야 할지 안 된다고 해야 할지 모르겠어요.
아이의 의견을 어디까지 존중해줘야 할까요?

아이를 존중해준다는 것은 아이가 원하는 것을 모두 허용해야
한다는 뜻이 아닙니다. 아이의 생각이나 감정, 욕구 등을 비난 없이
수용해주는 것을 말하지요. 수용해주는 것이 곧 허용해주는 것 아니
냐고 묻는 분도 있습니다. 하지만 수용과 허용은 다른 것입니다. 허
용이 아이의 요구나 의견을 그대로 받아들여 아이가 원하는 대로 이
루도록 해주는 것이라면, 수용은 아이의 마음을 받아주되 안 되는 것
에 대해서는 안 된다고 말해주는 것입니다. 물론 해도 되는 것은 적
극적으로 지지해주어야 하겠지요.

아이들은 부지런히 발달하고 있지만 아직 인지적으로 미숙하고

경험이 부족해서 올바른 판단을 내리지 못할 때가 있습니다. 가령 어린아이가 뜨거운 커피를 들고 가다가는 큰 사고로 이어질 수 있는데, 아이는 그럴 일이 없을 거라고 장담하며 자기가 들겠다고 우기지요. 하지만 아이의 발달수준을 고려했을 때 뜨거운 물이 담긴 컵을 안전하게 들고 갈 만큼의 힘이나 조절능력이 부족하다고 판단된다면 안 된다고 말해주어야 합니다. 다만 아이를 비난하지 않는 것이 중요해요.

아이를 존중하는 부모는 "큰일 나려고 그래? 하지도 못하는 걸 왜 하겠다고 떼를 부려?"와 같이 말하지 않습니다. "스스로 이 컵을 들어보고 싶었구나!" 하면서 아이의 의도를 있는 그대로 수용해요. 이어서 왜 그 행동을 할 수 없는지에 대해 친절하게 안내해줍니다. "이 커피는 너무 뜨거워서 네게는 위험하단다. 커피가 쏟아지면 네가 다칠 수도 있거든!" 아이가 할 수 있는 일을 해보도록 격려해주면 더욱 좋을 것입니다. "뜨거운 커피는 아직 안 되지만, 저기 플라스틱 컵에 네가 먹을 물을 담아놨으니까 그걸 옮겨줄래?"라는 식으로요. 아이가 그 행동을 잘하면 "와, 컵을 조심조심 잘 옮겼구나!"라고 칭찬해주는 것도 잊지 않습니다.

이처럼 아이를 존중해준다는 것은 무조건 아이의 의견과 요구를 들어주는 게 아니라 아이의 생각을 주의 깊게 경청하며 무시하지 않는 것, 그리고 비난하지 않는 것입니다. 따라서 아이에 대한 존중은 아이에 대한 공감과 밀접하게 관련되어 있습니다. "아, 너는 그런 생각이구나"라는 공감을 바탕으로 저마다 자기만의 욕구와 생각이 있음을 인정할 때 우리는 아이의 생각이 우리와 다르더라도 비난하지 않고 수용할 수 있게 될 것입니다.

아이를 존중하는 부모는 아이가 할 수 있는 것과 할 수 없는 것을 잘 압니다. 할 수 있는 일은 해볼 수 있도록, 약간의 노력이 필요한 일은 도전해보도록 격려하는 부모는 아이를 존중하는 부모입니다. 반면 아이가 할 수 없는 일, 혹은 해서는 안 될 일을 하도록 내버려두는 부모는 결코 아이를 존중하는 것이 아니에요. 그럴 때는 단호하고 엄격하게 훈육을 해야 합니다. 겉으로는 아이를 사랑하는 것처럼 보일지 모르지만 실제로는 아이가 좌절하거나 위험한 상황에 노출되는 것에 신경 쓰지 않는다고 할 수 있지요.

아이를 진정으로 존중하고 싶다면 '들어줄까, 말까'가 아니라 '이것이 아이에게 도움이 되는 일일까', '아이가 해도 되는 일일까'를 먼저 생각해보기를 바랍니다. 🖤

형제 간의 싸움을
어떻게 중재해야 할까요?

• • •

두 아이가 너무 자주 싸웁니다. 어떤 날은 아침에 일어나자마자
다투기 시작해서 밤에 잠들기 전까지 옥신각신해요. 현명하게 대처하고
싶은데, 저희 부부도 너무 지쳐서 아이들을 자꾸 혼내게 됩니다.
지혜롭게 중재하는 방법이 없을까요?

    우애가 깊은 형제. 여러 자녀를 둔 부모라면 가장 바라는 것이 아닐까 합니다. 하지만 눈뜨자마자 다투는 아이들을 보고 있노라면 그런 형제는 동화책에나 나오는 게 아닐까 하는 생각이 들기도 하지요. 그런데 형제자매는 자주 다툴 수밖에 없습니다. 함께하는 시간이 길고 활동영역이나 소유물이 겹칠 때도 많기 때문에 갈등이 잦을 수밖에 없어요. 갈등이 꼭 나쁜 것은 아닙니다. 그 갈등을 잘 해결해나가는 법을 배우면서 사회성이 높아지고, 형제자매간의 유대감도 깊어지거든요. 따라서 아이들이 다툰다고 걱정만 하기보다는 그 기회를 잘 살려서 아이들의 문제해결력을 높이고 우애도 키워나갈 수 있도

록 도와야겠지요.

아이들이 다툴 때 부모가 하는 가장 큰 실수는 '판사' 역할을 하려고 한다는 것입니다. 누가 잘못했는지 시시비비를 가리는 데 너무 집중하는 거예요. 그런데 형제자매간의 갈등은 대부분 욕구 충돌로 일어납니다. 각자의 욕구를 어느 정도 충족할 수 있는 절충안만 나오면 갈등도 자연스럽게 해결돼요. 어린아이들은 이러한 타협과 조율을 잘하지 못해 자기 욕구만 내세우다 보니 다툼이 커지게 됩니다. 따라서 부모는 일방적으로 판결을 내리기보다는 아이들 각자의 욕구를 살펴보고 아이들이 타협안을 찾을 수 있도록 유도해나가야 해요.

예를 들어볼까요? 아이들이 장난감 하나를 두고 서로 가지고 놀겠다며 싸운다면 각각의 이야기를 들은 뒤 다음과 같이 말해주세요.

"그러니까 너는 지금 공사놀이를 하는 데 이 포클레인이 필요한 거구나."

"너도 마을을 짓는 놀이를 하려고 하는구나. 거기서도 이 포클레인이 필요한 거고."

아이들의 욕구를 파악하고 문제가 무엇인지 명확히 정리해줍니다. "둘 다 포클레인이 필요한데, 포클레인은 하나뿐이네. 그게 문제구나"라고요. 아이들이 그 말에 동의하면 본격적인 문제해결 과정에 아이들을 참여시킵니다.

"그럼, 이 문제를 어떻게 해결하면 좋을까? 서로 싸우거나 소리 지르지 않고 해결할 수 있는 방법을 찾아보자!"

이때 아이들이 의견을 생각해내기 어려워하면 부모가 몇 가지 제안을 해주는 것도 좋습니다.

"이건 어떨까? 마을을 지을 때 포클레인 없이 할 수 있는 일들을 먼저 하면 그동안 형이 포클레인을 다 쓰고 동생에게 주는 거야. 이렇게 할 수도 있어. 먼저 형이 포클레인으로 모래를 파면 동생이 덤프트럭으로 날라서 빨리 공사를 도와주는 거지. 그 다음에 동생이 마을을 지을 때 형도 도와주면 좋겠다."

물론 아이들이 의견을 낼 수 있도록 하는 것이 가장 좋기 때문에 아이들의 말에 적극적으로 귀를 기울여주어야 합니다. 여러 의견들이 나오면 그중에서 아이들 모두가 동의하는 해결책을 하나 정하고 실행에 옮겨보세요. 꼭 기억해야 할 것이 있습니다. 아이들이 다투지 않고 문제를 해결하기 위해 노력한 점을 크게 칭찬해주는 거예요. 스스로 갈등을 해결하기 위한 과정에 적극적으로 참여할 때 아이들은 사회적으로 유능해집니다. 형제자매 간의 다툼도 줄어들며 우애 또한 더욱 깊어질 것입니다. ❤️

큰애한테 자꾸 양보하라고
말하게 돼요

• • •

> 아들을 편애하는 부모님 밑에서 자랐습니다. 상처가 컸기에
> 저는 더더욱 아이들을 차별하지 않으려고 해요. 그런데 나이 차이가 많은
> 아이들을 키우다 보니 큰애에게 양보하라는 말을 많이 하게 됩니다.
> 큰애를 덜 사랑하는 게 아니지만 큰애는 많이 억울한가 봐요. 그렇다고
> 너무 어린 막내를 혼낼 수도 없고 어떻게 해야 할지 모르겠어요.

나이 차이가 많다고 해서 형제자매 간의 갈등이 적은 것은 결코 아닙니다. 나이 차이가 정말 많이 나는 부모와 자녀 사이에서도 갈등은 매일같이 일어나니까요.

나이 차이가 많이 나는 형제자매를 두었을 땐 아무래도 첫째 아이에게 더 많은 양보와 참을성을 요구하게 되지요. 부모 입장에서는 어린 둘째보다는 그래도 말이 통하는 첫째에게 이해를 구하는 편이 더 수월하기 때문일 것입니다. 또한 둘째의 잘못된 행동은 "아직 어려서…"라며 비교적 관대하게 받아들이지만 첫째에게는 "다 큰 녀석이!", "자기보다 한참 어린 동생이랑 같은 수준으로 싸우다니" 하는

식으로 좀 더 깐깐하게 바라보는 경향도 있습니다. 물론 반대의 경우도 있어요. 보수적인 가정에서는 서열을 중시하기 때문에 "아직 어린 녀석이 감히 형한테 덤벼?"라며 동생을 혼내기도 하지요.

이처럼 형제자매의 갈등을 다루는 방식은 가정마다 차이가 있을 수 있지만, 어느 한쪽 편을 든다거나 시시비비를 가리는 데 집중한다는 점은 비슷합니다. 그런데 이런 방식은 형제자매 사이의 갈등을 줄이는 데 별다른 도움이 되지 않습니다. 부모의 지원이나 판결로 인해 갈등이 종료되다 보면 아이들 스스로 문제를 해결하는 법을 배우지 못하기 때문입니다. 비슷한 상황이 발생할 때마다 아이들은 또 싸우고, 다시 부모가 나서야 해결이 되는 악순환을 겪게 되는 것이지요. 따라서 형제자매 사이에 갈등이 발생했을 때 부모는 누구의 편을 든다거나 시시비비를 따지는 것에 집중하기보다는 아이들 스스로 문제를 해결하는 방법을 알려주고 지도해야 합니다.

앞서 이야기했듯 부모의 역할은 판사가 아니라 아이들 모두의 변호사입니다. 형제자매 간의 갈등은 서로의 욕구가 상충할 때 주로 발생합니다. 부모는 아이들 각자의 욕구를 분명하게 말해줘서 아이들이 서로의 욕구를 알 수 있게 해줘야 합니다. 해결해야 하는 문제가 무엇인지도 정리해주고 "이 문제를 어떻게 해결할 수 있을까?"라는 말로 아이들이 함께 고민할 만한 분위기를 만들어나가야 하지요.

아이들이 자신들의 문제를 해결하기 위해 노력할 때는 적극적으로 칭찬해주고 격려해주세요.

이러한 과정을 통해 아이들은 함께 노력하면 갈등을 해결할 수 있다고 믿게 됩니다. 스스로 문제를 해결한 자신들의 능력에 대해 자긍심도 갖게 될 거예요. 그러면 점차 부모가 나서지 않아도 자기들끼리 갈등 상황을 해결하기 위해 노력할 것입니다. ♥

부모가 안 보는 곳에서
동생한테 심하게 대해요

• • •

> 저는 제 아이들이 사이가 좋다고 생각했어요. 둘째가 순해서 그런지
> 형한테 대들지 않는 편이거든요. 그런데 큰아이가 동생을 때리는 모습을
> 봤어요. 그동안 눈여겨보지 않았는데 저 몰래 동생을 밀거나 허벅지를
> 때리고, 눈을 부라리며 위협하기까지 하더라고요. 부모가 안 보이는
> 곳에서 동생을 난폭하게 대하는 아이는 어떻게 지도해야 할까요?

사실 형제자매 간의 다툼은 지극히 당연한 것입니다. 형제자매
는 같은 부모를 공유하고 같은 영역에서 생활하며 상당수의 물건을
같이 사용하게 때문에 영역과 소유, 권리를 주장하면서 다투게 될 수
밖에 없어요. 대개는 이런 욕구가 좌절되는 순간 소리를 지르거나 때
리거나 부모에게 이르면서 싸움이 시작됩니다.

부모 앞에서는 안 그러다가 부모가 없을 때면 동생을 난폭하게
다루는 아이들도 있어요. 이런 경우는 그저 단순한 형제 간의 다툼이
라고 보기 어렵습니다. 좀 더 심각한 상태라고 할 수 있어요. 동생에
게 적대감이 있거나 부모가 동생을 편애한다고 여겨서 낙담했을 때

처럼 정서적인 좌절이 심할 때 이런 행동이 나타날 수 있기 때문입니다. 자신의 좌절감을 공격적으로 표현하거나 동생에게 보복하는 것이지요. 이러한 종류의 공격성은 상대에게 고통과 상처를 주려는 의도에서 나온 것입니다.

첫아이가 부모 몰래 동생을 괴롭힌다면 부모는 아이들끼리만 있는 상황을 되도록 만들지 않아야 합니다. 그러면서 부모와 아이 그리고 형제 간의 관계가 보다 긍정적으로 변할 수 있는 계기를 마련하는 데 힘써야 하겠지요. 동생 없이 큰아이와 함께하는 시간을 정기적으로 갖고, 이 시간 동안 아이에게 긍정적인 관심을 듬뿍 주세요. 자신이 부모에게 사랑받고 있다는 확신을 갖게 해주는 거예요. 이와 함께 형제간의 유대감을 높일 수 있는 활동도 계획해야 합니다.

부모팀, 아이팀으로 나누어 할 수 있는 게임이나 놀이를 시도해보세요. 거실 바닥에 방석들을 징검다리처럼 놓고, 악어가 득실거리는 늪지대를 지난다고 생각하며 징검다리를 무사히 건너가야 하는 놀이가 있어요. 아이들이 손을 잡고 출발하면 부모는 양쪽에서 못된 악어 역할을 맡아 적당히 방해를 해야 하겠지요. 아이들은 방석 밖으로 떨어지지 않기 위해 신체적으로 밀착하면서 부모 악어에 맞서 협력할 것입니다.

이 과정에서 형의 말을 잘 따르는 동생, 동생을 보호하고 이끌어주는 형의 모습을 놓치지 말고 적극적으로 칭찬해주세요. 그러면 아이들은 서로에 대해 긍정적인 느낌을 갖게 됩니다. 형제가 함께 팀 이름을 정하거나 구호를 외치고, 하이파이브를 하게 하는 것도 좋아요. 이런 경험을 통해 첫째는 동생이 미운 존재가 아니라 함께하면 즐거운 상대라고 느끼게 될 거예요. 동생에 대한 적대감도 자연스레 사라질 것입니다. ♥

아이가 말을 너무 많이 걸어요

• • •

아이가 하루 종일 말을 걸어요. 저는 바쁜 와중에도 대답을 해주려고
애씁니다만, 아이는 제가 듣지 않는다고 생각하는 것 같아요.
자꾸 제 얼굴을 손으로 붙잡아 돌리면서 자기를 쳐다보라고 합니다.
대화할 때 눈맞춤이 꼭 필요한 걸까요?

의사소통은 언어적 의사소통과 비언어적 의사소통으로 나눌 수
있습니다. 언어적 의사소통은 말 그대로 언어를 사용한 것입니다. 대
화, 발표, 문자나 글 등이 있겠지요. 몸짓, 눈맞춤, 어조와 같은 것들
은 비언어적 의사소통에 해당합니다. 비언어적 의사소통은 말하는
내용을 보다 정확히 해석하는 데 도움을 줍니다. 칭찬하는 내용이더
라도 딴 곳을 보며 차가운 어투로 말한다면 듣는 사람은 이를 칭찬이
라 여기지 못합니다. 오히려 비웃는다고 생각할 수도 있어요.

대화의 중요성은 누구나 알고 있습니다. 아이와 대화를 잘하려
면, 그리고 아이가 부모와 대화를 하고 싶다는 마음이 들게 하려면

먼저 아이의 말을 잘 들어주어야 합니다. 부모가 자신에게 많은 관심을 가지고 있으며, 자신의 말을 잘 들어주고 있다고 느끼게 해야 하지요. 이렇게 하기 위한 가장 확실한 방법은 바로 눈맞춤입니다. 아이 쪽으로 얼굴을 향한 채 눈을 마주치고 대화의 내용에 따라 고개를 끄덕여줄 때 아이는 부모가 자신을 좋아하며 존중한다고 여기게 됩니다. 눈도 보지 않은 채 건성으로 대답하면 아이 입장에서는 부모가 자신의 말을 제대로 듣지 않는다고 여길 수밖에 없어요.

아이에게 지시를 할 때도 눈을 맞추는 것이 중요합니다. 눈을 맞추는 것은 아이가 부모의 말을 듣고 있다는 가장 확실한 신호가 됩니다. 부모의 말을 귀담아들어야 지시를 따를 가능성도 커지겠지요. 아이의 등 뒤에 대고 "이제 텔레비전 꺼!"라고 말하면 대부분의 아이들이 부모의 지시를 무시합니다. 화가 난 부모가 아이에게 다가가 "엄마가 텔레비전 끄라고 했잖아. 왜 말을 안 들어?" 하면 많은 아이들이 "언제? 못 들었는데?"라고 말해요. 텔레비전에 열중하느라 진짜 듣지 못했을 수도 있고, 못 들었다고 발뺌을 하는 것일지도 몰라요. 눈을 맞추면 부모의 지시를 듣지 못할 수가 없으니 발뺌을 할 일도 없고, 따라서 갈등도 줄어들겠지요.

아이와 눈을 맞추며 대화할 때는 아이를 똑바로 쳐다보되, 너무 뚫어지게 보지는 마세요. 눈에 힘을 주고 뚫어지게 쳐다보면 아이를 압박하는 느낌을 줄 수 있으니까요. 눈은 마음의 창이라는 말이 있습니다. 따스한 눈빛으로 아이를 사랑하는 마음을 잘 전달해보세요.

정말 너무 바빠서 아이를 상대하기 힘들 때도 있을 수 있지요. 그럴 때는 아이에게 분명히 말해줍니다.

"지금 엄마한테 하고 싶은 말이 있구나. 아쉽지만 지금 엄마는 ○○를 해야 해서 네 말에 집중할 수 없구나. 이 일이 끝나고 나면 그때 네 말을 잘 들어줄 수 있어. 그때까지 기다려주렴."

그리고 자꾸 부모에게 말을 거는 아이는 부모의 관심과 사랑을 필요로 하는 아이이기 때문에 부모가 시간이 있을 땐 먼저 부모가 아이에게 말을 걸어주는 것도 정말 중요합니다. 매번 아이가 먼저 부모를 조르고 말을 거는 게 아니라 부모가 먼저 말을 걸어주고 관심을 보여줄 때 아이는 부모도 내게 관심이 있다고 생각해 안심하게 될 것입니다. 🖤

끝도 없이 놀아달라고 해서
너무 지쳐요

• • •

아이와 함께 있을 때는 잘 놀아주려고 합니다. 그런데 한번
놀아주기 시작하면 끝도 없이 계속 놀아달라고 해서 너무 지쳐요.
아이가 만족할 때까지 놀아줘야 하나요?

부모가 아이와 함께 놀이하는 시간은 아이의 발달에 매우 중요
합니다. 그 시간 동안 부모로부터 긍정적인 관심을 받으면서 아이는
자신이 사랑스럽고 가치 있는 존재라고 느끼게 되지요. 몰랐던 것들
을 새롭게 배우기도 하고, 사회성을 익혀나가기도 합니다. 즐거움을
나누는 동안 아이와 부모와의 관계도 좋아져요.

그런데 이런 점들은 부모가 아이와의 놀이에 집중했을 때만 얻
을 수 있습니다. 아이와 놀아준다고는 하지만 몸만 아이 곁에 있을
뿐, 눈은 휴대폰에 가 있고 마음은 다른 데 있다면 아이는 오히려 부
모에게 짜증을 낼 거예요. 놀이가 재미없으니 스마트폰을 내놓으라

고 할 수도 있습니다.

물론 부모도 나름의 입장이 있어요. 부모는 아이와의 놀이가 언제 끝날지 몰라 마음이 불안합니다. 할 일이 무척 많으니까요. 아이가 놀이를 통해 긍정적인 발달을 이룰 수 있도록 돕고는 싶지만, 도무지 놀이에 집중할 수가 없지요.

가장 좋은 방법은 놀이 시간을 정해두는 거예요. 정기적이면 더욱 좋습니다. 각자의 사정에 맞춰 주 3회나 5회도 좋고, 주말도 좋습니다. 언제, 얼마만큼의 시간 동안 놀이를 할지 정한 다음 아이에게도 알려주세요. 그리그 그 시간만큼은 재미있게 놀자고 말합니다. 이렇게 시작과 끝이 정해져 있으면 부모 마음도 편하고 아이 또한 규칙을 배울 수 있어 좋습니다.

놀이가 끝나기 5분 전에 알람이 울리도록 맞춰두세요. 시계를 계속 볼 필요 없이 놀이에 집중할 수 있기 때문이지요. 알람이 울리면 놀이시간이 끝나가고 있음을 알려주고, 정리를 하면서 마무리하면 됩니다. 물론 아이들이 순순히 부모를 놔주지는 않아요. 아이들은 계속 놀겠다고 떼를 씁니다. 그럴 때는 부드러우면서도 단호하게 "오늘 우리의 놀이시간은 끝났어. 엄마랑 노는 게 재미있었나 보구나. 엄마도 재밌었어. 하지만 엄마는 이제 저녁을 준비해야 할 시간이야. 엄마는 함께 놀 수 없지만, 너는 엄마가 밥을 하는 동안 놀이를 계속

할 수 있단다. 저녁 준비가 빨리 끝나면 또 함께 놀자. 만일 그럴 시간이 없어도 너무 속상해하지 마. 우린 내일 3시에 또 놀이시간을 잡아놨잖아!"라고 말하면 됩니다.

정해진 놀이시간을 꾸준히 지킨다면 아이들은 더 이상 떼를 부리지 않을 거예요. 그렇게 되면 부모와 아이 모두 즐거운 놀이시간을 갖게 될 것입니다. ❤

아이한테 모순된 말을 하게 돼요

• • •

> 몇 달 후면 초등학교에 들어갈 아이가 아직 한글을 익히지 못했어요.
> 아이가 부담을 느낄까봐 "괜찮아, 아직은 몰라도 돼"라고 말해주지만,
> 한글만은 떼고 학교를 갔으면 하는 마음에 놀이를 하는 와중에도 틈틈이
> 글자를 가르치게 돼요. 글자를 읽어보라고 할 때마다 아이는 "몰라도
> 된다면서 왜 자꾸 물어봐?"라고 말합니다. 제가 어떻게 해야 할까요?

아이를 혼란스럽게 하는 의사소통 방식들이 있어요. 그중 대표적인 것이 바로 '이중구속 메시지'입니다. 이중구속이란 영국의 문화인류학자 그레고리 베이트슨이 처음 언급한 용어로, 영어로는 더블바인드(double bind)라고 합니다. 바인드가 '묶다'라는 뜻이니까 더블바인드란 이중으로 묶는 것이라고 해석할 수 있지요.

시험을 망쳐서 속상해하는 아이에게 엄마가 "괜찮아, 행복은 성적순이 아니야!"라고 위로를 건넵니다. 그러면서 아이의 시험지를 쳐다보며 어두운 표정으로 한숨을 내쉬지요. 이런 것을 '이중구속 메시지'라고 합니다. 이는 모순된 두 가지의 메시지를 동시에 전달하는

것을 뜻합니다.

또 다른 예를 들어볼까요? 아이가 게임기를 사달라고 조르자 아빠는 공부를 열심히 해야 한다는 조건을 걸고 게임기를 사주었습니다. 게임기를 갖게 된 아이는 당장에라도 게임을 하고 싶었지만, 아빠와의 약속을 떠올리며 공부를 했어요. 그때 아이 방에 들어온 아빠가 공부하는 아이를 보며 말합니다.

"그렇게 게임기를 사달라고 조르더니 안 하네?"

그 말을 들은 아이는 게임기를 꺼내 게임을 하기 시작합니다. 그렇게 신나게 게임을 하고 있는데 다시 방에 들어온 아빠가 이렇게 말을 하는 것이지요.

"이것 봐, 너 게임하느라고 공부 안 하잖아!"

아이의 마음은 어떨까요? 부모의 진짜 마음이 무엇인지 알 수가 없어 무척 혼란스럽겠지요. 그리고 부모의 눈치만 계속 보게 됩니다. 쉽게 말해 어느 장단에 춤을 춰야 할지 모르게 되는 것입니다. 이처럼 혼란스러운 의사소통이 지속되면 아이는 아무것도 할 수 없는 무기력한 상태가 되어버립니다.

한글을 몰라도 괜찮다고 하면서 행동은 그렇지 않은 엄마를 보며 아이는 엄마의 말과 속마음이 다르다는 것을 눈치챘을 것입니다. 솔직한 마음을 전한다고 해서 꼭 공부를 강요하게 되는 것은 아니에요. "곧 학교에 가야 하니까 글자 읽는 연습을 해보자"라든지 "우리 한글 쓰기 해볼까? 엄마가 도와줄게"라고 말해보는 건 어떨까요? 아이에게 혼란을 주지 않으려면 전하고자 하는 메시지를 분명히 해야 합니다. 너무 비틀어 말하거나 애매모호하게 말하는 대신 간결하고 명료하게 의사를 전달하도록 해봅시다.

　참고로 현재 우리나라 교육 시스템에서는 초등학교 입학 전에 한글을 읽고 받침이 없는 글자를 쓸 수 있을 정도의 학습은 필요합니다. 대개 만 6세 정도가 되면 한글에 대한 관심이 커지고, 관심이 생겼을 때는 비교적 빠른 시일 내에 익힐 수 있습니다. ♥

아이 마음은 어떻게 읽어주나요?

• • •

아이의 마음을 읽어주는 부모가 되고 싶은데 어떻게 해야 하는지
모르겠어요. 구체적인 방법을 알고 싶어요.

육아에 관심이 있는 부모라면 '감정 코칭'이나 '마음 읽기'와 같
은 말을 들어본 적이 있을 것입니다. 긍정적인 부모자녀 관계를 형성
하고 아이의 정서와 사회성을 발달시키는 데 중요한 것들이지요. 하
지만 막상 실천하기가 어렵다는 사람이 많습니다.

아이들은 여러 가지 방식으로 신호를 보냅니다. 가장 대표적인
신호는 역시 언어이고, 이와 함께 표정, 몸짓, 태도와 같은 비언어적
인 신호도 보내지요. 따라서 이 두 가지 신호를 잘 감지해야 합니다.

먼저 언어적인 신호를 파악하는 것부터 연습해볼까요? 예를 한
가지 들어볼게요. 아이와 엄마가 손을 잡고 함께 길을 걸어가고 있었

습니다. 그러다가 저쪽 앞에서 제법 큰 개를 산책시키고 있는 사람을 발견했어요. 그 모습을 본 아이가 멈춰 선 채 이렇게 말합니다.

"엄마, 저 개가 날 보면 어떡해?"

아이는 말로 신호를 보냈습니다. 그럼 아이의 감정과 의도를 헤아려봐야 하겠지요. 이게 바로 신호를 파악하고 해석하는 일입니다. 아이의 말에 담긴 감정은 무엇일까요? 큰 개를 처음 봐서 낯설고, 모르는 개를 맞닥뜨리는 것이 불편하고, 무서워서 피하고 싶고, 나를 물까 봐 겁이 나고… 등등의 감정이겠지요. 이때 부모들은 주로 이렇게 말합니다.

"괜찮아, 안 무서운 개야. 주인이 목줄 잡고 있잖아."

"아빠랑 있으니까 무서워하지 않아도 돼."

아이의 감정을 알아주고 나름의 해결책까지 제시한 답변이에요. 하지만 '마음 읽기'의 차원에서 볼 때는 틀렸다고 할 수 있습니다. 가장 좋은 방법은 부모가 파악한 아이의 감정, 욕구, 노동, 소망들을 되돌려 말해주는 거예요. "혹시 저 큰 개가 너를 물까 봐 무서운 마음이 든 것 같네"라고 말입니다.

마음 읽기는 정서적 반영이라고도 할 수 있어요. 아이가 특정 상황에서 경험하는 정서를 인식하고, 그러한 정서를 나타내는 감정 단어를 사용해 말해주는 것이라고 보면 됩니다. 아이의 감정을 정확히 파악해서 마음을 읽어주면 아이는 스스로의 감정을 보다 잘 이해할 수 있게 돼요. 자신의 마음을 잘 헤아려주는 부모에 대한 신뢰감도 높아집니다.

많은 부모가 아이가 보내는 신호를 잘 파악하면서도 마음 읽기를 생략하고 서둘러 위로를 하거나 해결책을 제시하는 실수를 합니다. 아이에게 생일 선물을 사주기 위해 마트에 갔다고 해봅시다. 아이는 블록과 변신 로봇 중에서 무엇을 고를까 고민하다가 엄마에게 말합니다.

"이것도 좋고 저것도 좋은데…."

이 말에 들어 있는 아이의 감정과 의도는 아마 '둘 다 갖고 싶다', '그런데 엄마가 안 사줄 것 같다', '어느 것을 골라야 할지 모르겠다'와 같은 것일 테지요. 이때 아무거나 사라든지 두 개는 안 된다든지 "엄마라면 이거 사겠다"라는 반응은 적절하지 않습니다. "두 개가 다 마음에 들어서 둘 다 갖고 싶은 것 같구나"라고 마음을 읽어주면 좋겠지요. 확정적인 어투보다는 추측하는 어투로 말해주세요. 아이의 마음을 이해하려는 자세만 보인다면 아이도 부모가 자신의 마음을 비난하지 않으면서 잘 알아주고 있다고 느낍니다.

아이의 비언어적 신호를 읽는 방법도 크게 다르지 않습니다. 예를 들어 아이가 미간을 잔뜩 찌푸린 채 자신이 그린 그림을 엄마 앞에 던졌다면 무언가 마음에 들지 않는다는 뜻이겠지요. 마음을 읽어줄 때는 그 행동이 일어난 상황의 맥락을 파악하는 것이 중요합니다. 같은 행동이라도 상황에 따라 전혀 다른 의미를 갖기 때문입니다. 그림이 생각처럼 완성되지 않았다든지 하기 싫은 활동을 억지로 했을지도 몰라요. 엄마에게 화가 난 것일 수도 있습니다. 어느 쪽인지 잘 살펴보고 아이에게 말을 건네면 됩니다.

마음 읽기는 생각만큼 어렵지 않아요. 조급하게 생각하지 마세요. 바로 해결책을 찾거나 제시하지 않아도 괜찮습니다. 아이에게 가장 필요한 것은 부모의 관심과 이해 그리고 공감이니까요. 🖤

아이가 우는 게 무서워요

• • •

돌이 다 된 아이가 자주 울고, 울음소리도 무척 큽니다.
아이의 욕구에 적절히, 그리고 신속히 반응해야 한다고 들었는데,
저는 아이 울음소리를 들으면 그 순간 눈앞이 캄캄해지는 느낌입니다.
아이가 우는 게 무섭기까지 해요. 다른 사람들은 시간이 지나면 나아질
거라고 하는데, 저는 여전히 아이가 무엇을 원하는지 모르겠습니다.
알고 싶지 않은 것 같기도 해요. 너무 힘들고 그저 막막해요.
제가 좋은 엄마가 될 수 있을까요?

육아를 해본 적이 없는 엄마아빠는 아이가 울 때 당황할 수밖에 없어요. 아이가 무엇을 원하는지 도무지 종잡을 수 없어 허둥지둥하게 되고, 그러다 보면 육아에 대한 자신감이 점점 사라집니다. 육아가 두려운 일이 되어버리기도 해요. 아이와 부모 모두에게 슬프고 불행한 일이지요.

부모에게는 민감성이 있어야 합니다. 부모민감성이란 아이의 행동 뒤에 숨어 있는 의미를 인식하고 추론하며, 이에 대해 신속하면서도 적절하게 반응하는 부모의 능력을 뜻합니다. 아기가 배고파서 우는 것인지, 기저귀가 젖거나 아픈 것은 아닌지 알아내서 대처를 해주

면 아기는 앞으로도 부모가 자신의 욕구를 잘 알아채고 반응해줄 거라는 기대를 갖게 됩니다. 그러면서 안정감과 편안함을 느끼게 되지요. 반면 자녀가 보내는 신호에 반응하지 않으면 아이는 부모와 불안정한 애착을 형성하게 됩니다.

부모의 민감성은 아이의 인생 전반에 걸쳐 광범위한 영향을 미칩니다. 민감성이 높은 부모의 자녀들은 그렇지 못한 부모의 자녀들에 비해 안정적인 심리 상태를 갖게 됩니다. 심지어 신체 건강이나 학습적인 면에서도 긍정적인 영향을 받아요. 민감성이 뛰어난 부모와 달리 둔감한 부모는 아이가 어떤 행동을 할 때 그 이유를 알지 못하고, 시기적절하게 반응하지도 못해요. 그래서 아이의 짜증을 유발하거나 본의 아니게 아이에게 상처를 주기도 합니다. 이때 아이만 상처를 받는 것은 아니에요. 부모 역시 상처를 받습니다. '부모가 되어서 아이 마음 하나 제대로 알아주지 못하네'라는 생각이 들면서 자존감도 떨어질 수 있어요.

부모가 둔감한 양육자가 되는 데는 여러 이유가 있습니다. 먼저 사회적 지원 체계 때문일 수 있어요. 건강상의 문제나 경제적인 어려움, 위급 상황 시 아이를 돌봐줄 사람의 부재 등은 부모민감성에 나쁜 영향을 줄 수밖에 없습니다. 예를 들어 오롯이 부부 둘이서만 아기를 봐야 하는 맞벌이 가정은 코로나19 사태 속에서 그야말로 패닉에 빠졌겠지요. 어린이집이 문을 닫기라도 하면 당장 아이를 봐줄 사람을 찾느라 급해서 정작 아이에게 신경 쓸 여력이 없을 거예요. 또한 가난과 병은 민감한 양육을 방해하는 가장 큰 스트레스 요인입니다. 빈곤한 가정, 몸이 아픈 부모는 아이에게 기본적인 돌봄을 제공하는 것조차도 벅차게 느껴질 것입니다.

부모민감성에 영향을 주는 두 번째 스트레스 요인은 부부관계의 질이에요. 불행한 결혼생활을 하는 부부는 행복한 결혼생활을 하는 부부에 비해 아이를 민감하게 살피기가 어렵습니다. 부부 사이가 좋으면 양육에 대한 서로의 노력을 지지해주기 때문에 그 자체가 훌륭한 사회적 지원이 되지요.

태아의 애착 또한 부모민감성에 영향을 미치는데요, 여러 연구 결과에 따르면 아기를 원하지 않았던 부모는 자녀를 다소 서툴게 대하는 둔감한 부모가 될 가능성이 높다고 합니다.

네 번째 이유는 낮은 자존감입니다. 자존감이 높은 사람은 대체적으로 삶의 만족도와 행복감이 높기 때문에 그만큼 긍정적으로 부모 역할을 해내겠지요. 반면 자존감이 낮은 부모는 자신의 능력에 회의적입니다. 아이도 부모를 존중하지 않는다고 생각해 쉽게 화가 나거나 무력감에 빠질 수 있어요.

마지막으로 부모민감성과 밀접한 관련이 있는 것은 부모의 정신 건강입니다. 우울하거나 불안한 부모는 아이가 보내는 신호를 제대로 알아차리지 못하고 지나치게 과장된 반응을 보이기 쉽습니다. 자신의 정서 상태에 휘둘리기 때문에 아이에게 제대로 된 관심을 주지 못하기도 합니다.

물론 부모만 탓할 수는 없습니다. 부모가 자녀에게 영향을 미치는 것처럼 자녀 역시 부모에게 영향을 미치니까요. 몸이 아픈 아이나 산만한 아이, 자폐증 또는 발달장애를 지닌 아이 그리고 까다로운 기질을 타고난 아이를 돌보면 부모가 민감성을 발휘하기 어려워요. 육아가 몇 배나 힘들어지기 때문입니다. 부모는 스스로의 능력이나 역할에 회의감을 느끼게 되고, 그러다 보면 부모와 자녀 간의 유대감 또한 약해질 수 있습니다.

하지만 아이들은 문제가 있어도 뭐가 문제인지 몰라요. 설령 안다고 해도 그걸 어떻게 고쳐야 하는지는 알지 못합니다. 육아 문제가 부모만의 책임은 아니지만, 결국 부모가 먼저 노력해야 하는 까닭이 여기에 있습니다. 자녀의 특성을 제대로 파악하고 최적의 육아법을 찾아내는 것이 부모의 숙제이겠지요. 쉽지 않은 과정이지만 너무 겁먹지 마세요. 그리고 아이를 잘 관찰해보세요. 아이에 대해 아는 것이 바로 부모민감성의 시작입니다. ♥

부모민감성, 이렇게 훈련하세요

'나는 민감성을 갖춘 부모일까?' 궁금한 분들을 위해 간단한 체크리스트를 만들어보았습니다. '네/아니오'로 답해보고, 만일 '아니오'로 답한 항목이 있다면 앞으로 그 부분을 좀 더 신경 쓰면 좋겠습니다.

1. 정직과 성실함으로 아이를 대하고 존중하나요?
2. 아이와 눈을 마주치며 말하나요?
3. 아이의 의견을 포용하며 의사소통하나요?
4. 대체적으로 평온한 기분과 목소리를 유지하나요?
5. 긍정적인 훈육과 의사소통 전략을 사용하나요?
6. 건강하면서 확고한 경계와 제안을 설정하고 유지하나요?
7. 아이의 나이와 발달 수준에 맞추어 양육하나요?
8. 아이와 충분한 대화를 나누나요?
9. 아이를 규칙적으로 안아주나요?
10. 안정적이고 안전하며 사랑이 있는 가정환경을 유지하나요?

열 가지 체크리스트를 기억하기 어렵다면 딱 세 가지로 정리해보겠습니다. 민감한 양육을 위해 세 가지를 기억해주세요.

첫째, 부모와 자녀의 관계가 동시적이고 상호적이어야 합니다. 이를 '동시적 관계'라고 말합니다. 커플댄스를 생각하면 이해하기 쉬워요. 커플댄스를 추려면 서로가 상대의 움직임을 늘 주시하면서 그에 맞춰 반응해야 합니다. 한쪽이 딴 짓을 하거나 무디게 반응하면 춤이 제대로 진행되지 않는 것은 물론, 상대가 다칠 수도 있겠지요.

침대에 누워 있는 아기가 모빌을 건드리다가 흔들리는 모빌을 보면서 웃고 있다면 '혼자서도 잘 노네'라고 생각하는 대신 아기를 쳐다보며 미소를 지어주세요. "곰돌이가 춤을 추네"라는 식으로 말해주는 것도 좋습니다. 아기가 내는 소리와 표정, 행동을 보고 아기의 정서를 추론하며 엄마 또한 소리와 표정, 몸짓을 사용해 아기에게 자극을 주는 거예요.

그러면 아기는 모빌을 다시 건드리고 엄마를 쳐다볼 것입니다. 엄마가 자신을 상대로 미소를 지으며 말을 해주면 아기도 기뻐합니다. 아기와 엄마는 서로의 감정과 행동에 보다 민감해지고, 이러한 동시적 관계 경험은 아기의 감정이입 능력과 자기 조절 능력에 좋은 영향을 미칩니다.

두 번째로 민감한 양육을 위해 부모가 꼭 기억해야 할 점은 '마음 읽기'입니다. 마음 읽기란 아이의 마음을 이해하고 이를 언어로 표현해주는 부모의 능력을 말해요. 아이의 마음이란 아이의 생각과 욕구, 의도, 기억 등입니다. 아이는 부모가 자신의 마음을 알아줄 때 부모에게 이해받고 사랑받는다고 느껴요. 부모 또한 아이의 마음을 알게 되면 나쁜 의도가 아닌 이상 아이의 뜻을 수용하기 쉽겠지요. 이런 경험은 아이와 부모가 안정적인 애착을 형성하도록 해줍니다.

셋째, 접촉 경험도 부모민감성에 매우 중요한 요소입니다. 아이는 반드시 부모와 일정량의 상호작용 시간을 가져야만 해요. 직접 얼굴을 맞대고 이야기하는 시간, 함께 놀이를 하거나 몸을 움직이는 시간이 모두 필요합니다. 이때 아이를 '얼마나 자주 안아주느냐'보다 '어떻게 안아주며 아이의 욕구에 적절히 반응하느냐'가 더욱 중요합니다.

접촉은 스킨십만을 뜻하지 않습니다. 어릴 때는 안아주고 쓰다듬어주는 스킨십을 많이 하지만 아이가 커가면서 접촉은 놀이와 같이 즐겁고 신나는 상호작용 또는 긍정적인 정서가 오고가는 대화를 통해 더 많이 이루어지게 됩니다.

부모민감성의 기본 조건을 기억하고 있으면 민감성 훈련이 한결 수월할 거예요. 민감성 훈련의 핵심은 아이가 보내는 신호를 파악하고 적절히 반응해주는 것입니다. 부모민감성은 대략 네 가지 요소로 구성되어 있습니다.

첫째, 아이가 보낸 신호를 알아차리는 인식
둘째, 아이가 보낸 신호에 대한 정확한 해석
셋째, 아이가 보낸 신호에 대한 적절한 반응
넷째, 아이가 보낸 신호에 대한 신속한 반응

아이가 보낸 신호를 잘 알아차리기 위해서는 아이를 지켜보거나, 아이 곁에 있지 못하더라도 아이가 어떻게 지내고 있는지를 알아야 합니다. 아이를 보는 시간이 너무 없는 부모도 있고, 아이랑 함께 있으면서도 휴대폰이나 텔레비전에 온통 정신을 뺏겨 아이의 정서와 욕구를 헤아리지 못하는 부모도 있어요.

실제로 상담센터에서 놀이 평가를 해보면 아이가 보내는 신호를 놓치는 부모들을 종종 볼 수 있습니다. 예를 들어 아이가 인형의 집 앞에서 "이거 뭐지? 되게 크다!"라고 관심을 표현하는데, 부모가 이에 대해서는 아무런 반응을 하지 않고 다른 장난감들만 열심히 찾으면서 "여기 네가 좋아하는 로봇 있다!"라며 아이에게 건네주는 거예요.

아이는 잠시 반기는 기색이지만 이내 로봇을 바닥에 내려놓고 다시 인형의 집을 봅니다. "여기 인형 침대도 있네" 하면서요. 그런데 부모는 여전히 반응이 없어요. 어떤 부모는 "너 인형놀이 싫어하잖아. 웬일로 로봇을 마다하니? 이상하네"라고 말하기도 합니다.

이런 시간이 길어지면 아이는 슬슬 짜증을 내기 시작하고, 부모 역시 장난감이 무척 많은데 제대로 놀지도 않고 저러는 아이가 이해되지 않는다며 짜증을 내기 시작합니다. 아이는 확실하게 말하지는 않았지만, 여러 형태로 인형의 집에 대한 관심을 나타냈습니다. 민감한 부모는 아이의 미묘하고 사소한 신호를 잘 파악하는 데 반해 둔감한 부모는 아이가 바로 옆에서 말을 해도 주의를 기울이지 않거나 무시하지요.

아이가 보내는 신호를 인식했다면 그다음은 해석을 정확하게 할 차례입니다. 정확한 해석을 위한 전제조건은 사고의 왜곡이 없어야 한다는 것입니다. 사고가 왜곡된 엄마는 자신의 소망이나 기분, 상상에 따라 아이의 신호를 해석합니다. 아기와 함께하는 것이 귀찮은 엄마라면 아기가 안절부절못하는 행동을 피곤한 것으로 해석해 서둘러 요람에 눕히지요. 아기는 천천히 이유식을 먹을 뿐인데, 엄마 마음이 급하다 보니 아기가 먹는 데 싫증이 났다고 해석하기도 합니다.

아이가 보내는 신호에 대한 인식이 부족한 부모는 "쟤가 왜 저래?"라는 말을 많이 한다면, 아이가 보내는 신호를 잘못 해석한 부모는 "쟤는 해줘도 난리야!"라는 말을 자주 합니다. 사실 아이가 원한 것은 그게 아니었는데 말이지요.

아이가 보내는 신호를 제대로 파악하는 것은 아주 중요합니다. 그런 다음에는 적절하게 반응을 해줘야 하겠지요. 이를 위해서는 아이의 감정과 소망, 욕구를 수용하고 공감하는 태도가 필요합니다. 즉 어떤 상황이나 행동이 아이를 스트레스로 이끌었는지, 혹은 아이의 욕구를 불러일으켰는지를 아이의 관점에서 바라볼 수 있어야 합니다.

아이가 형과 함께 게임을 하다가 "나 안 해! 맨날 형만 이기고!" 하면서 게임판을 발로 찼다고 해볼까요? 아이의 감정은 이럴 거예요. 게임이 마음대로 되지 않아 화가 나고, 형보다 자신의 능력이 떨어지는 것 같아서 열등감도 느끼겠지요. 제대로 표현하는 방법을 몰라 속도 상할 것이고요.

부모도 그 마음은 잘 압니다. 그렇지만 게임이란 이기기도 하고 지기도 하는 건데 왜 저렇게 까칠하게 굴까 싶을 거예요. '자기가 이겼을 때는 신나서 잘난 척을 하더니 지니까 못되게 구네!'라는 생각도 들 수 있지요. 그런데 이런 생각이 들면 아이 마음에 공감할 수 없게 됩니다.

물론 아이의 행동은 잘못된 거예요. 이후 적절한 훈육을 해야겠지요. 하지만 훈육이 필요할 때도 민감한 부모는 아이의 감정이나 소망, 욕구 자체는 우선 수용하며 공감해줍니다. "형이 너보다 자주 이기는 것 같아서 속상했구나. 그래서 게임을 더 이상 하고 싶지 않은 거구나"라고 아이의 마음을 이해해준 뒤, 게임과 놀이에는 규칙이 있음을 이야기하고 그 규칙을 지키도록 지도하는 방향으로 나아가야 합니다.

아이의 욕구나 의도를 잘 알아차렸어도 이에 공감할 수 없을 때 부모는 "어디서 버릇없게 난리를 쳐? 어떻게 맨날 이길 수 있어? 그러니까 친구들도 너랑 안 놀려고 하는 거야"라는 식으로 아이를 비난하기 쉽습니다. 아이가 보내는 신호를 잘 인식하고 해석도 잘했는데, 공감 반응이 어려운 것이지요. 하지만 이러한 반응은 부모와 자녀의 관계를 차갑게 만들고, 아이의 자존감을 떨어트린다는 사실을 잊지 말아야 합니다.

마지막으로 민감한 부모는 아이가 보내는 신호에 신속하게 반응해줍니다. 인생은 타이밍이라는 말이 있지요. 이 말처럼 시기적절한 반응은 매우 중요합니다. 둔감한 부모는 아이가 보낸 신호를 잊거나 아이의 욕구를 후순위로 미뤄 아이를 지치게 만들어요. "조금만 기다려봐. 언젠가는 해줄 건데 조르지 좀 마"라는 말을 자주 하지요.

하루아침에 민감성을 발휘하는 부모가 되기란 쉽지 않겠지만, 꾸준히 연습하고 훈련한다면 얼마든지 나아질 수 있습니다. 아이를 위한 부모의 노력은 아이의 행복이라는 더욱 큰 선물로 돌아온다는 점을 기억해주세요. 여러분은 잘할 수 있습니다.

아이의 마음을 읽는
내면 육아

1판 1쇄 발행 2023년 1월 27일
1판 3쇄 발행 2024년 4월 15일

지은이 이보연

펴낸이 김유열
디지털학교교육본부장 유규오 | **출판국장** 이상호 | **교재기획부장** 박혜숙
교재기획부 장효순

글 정리 서주희 | **책임편집** 조창원
디자인 날마다작업실 | **본문 일러스트** 이가혜 | **인쇄** 우진코니티

펴낸곳 한국교육방송공사(EBS)
출판신고 2001년 1월 8일 제2017-000193호
주소 경기도 고양시 일산동구 한류월드로 281
대표전화 1588-1580 **홈페이지** www.ebs.co.kr
이메일 ebsbooks@ebs.co.kr

ISBN 978-89-547-7251-8 (03590)